菜田探案录
——林成教授从业笔记

林 成 编著

中国农业科学技术出版社

图书在版编目（CIP）数据

菜田探案录：林成教授从业笔记／林成编著．--
北京：中国农业科学技术出版社，2022.9
ISBN 978-7-5116-5882-1

Ⅰ．①菜… Ⅱ．①林… Ⅲ．①蔬菜园艺-文集
Ⅳ．①S63-53

中国版本图书馆 CIP 数据核字（2022）第 154032 号

责任编辑　张志花
责任校对　王　彦
责任印制　姜义伟　王思文

出 版 者　中国农业科学技术出版社
　　　　　北京市中关村南大街 12 号　　　邮编：100081
电　　话　（010）82106636（编辑室）　　（010）82109702（发行部）
　　　　　（010）82109709（读者服务部）
网　　址　https：//castp.caas.cn
经 销 者　各地新华书店
印 刷 者　北京地大彩印有限公司
开　　本　170 mm×240 mm　1/16
印　　张　14.75　　　彩插　4 面
字　　数　215 千字
版　　次　2022 年 9 月第 1 版　　2022 年 9 月第 1 次印刷
定　　价　56.00 元

　　本书收集了笔者负责处理的 200 多起蔬菜生产中有关种子（种苗、种薯）质量的投诉以及一些疑难问题的典型案例。对一般性的品种混杂和菜田受害的损失鉴定则从略。虽然这些处理意见是笔者下笔起草的，但包含了各地同行朋友的智慧。深信通过了解这些案例的鉴定过程，会给处理蔬菜学技术问题带来一些思路。

　　本书旨在总结技术经验，案例的当事人难免有不同看法，故已作模糊处理，请勿对号入座。同时，本书也收集了笔者的一些重要的技术建议和技术质疑。书中的案例主要发生在田间菜地，但也发生在贮藏场所，案例还包括一些设施园艺和采后生理学的技术问题。

　　为便于查找，本书的案例以双名法分类：即蔬菜作物种类编码加上具体作物的代号编码。例如，韭菜的案例按照 CA 进行排序，C 为葱蒜类的编码，A 为其中韭菜的代号。有关韭菜的案例，按照时间的早晚顺序排列，即 CA01、CA02、CA03 等。有些作物如番茄还依照用途分成鲜食番茄、加工番茄和樱桃番茄等类别，在番茄之后多增加一个编码，成为 HAA、HAB 和 HAC 等，相关案例还是按照时间的先后排列在代码后面。鲜食番茄的案例分别为 HAA01、HAA02 及 HAA03 等，加工番茄分别为 HAB01、HAB02 等，以此类推。

　　本书编纂的案例是按蔬菜的种类进行归类。有关蔬菜学总论的问题则以 001、002、003 等分别进行叙述。为叙述方便，每个案例分为"案情摘要""技术分析""心得小结"三部分，而总论的内容则按照"事由"等来叙述。

　　本书适合基层农业科技人员、种植户和种子经销者等阅读参考。

序

福建学子进北京，自愿支边新疆定，农业大学任教授，育成学员数千名；园艺学会显英名，辛劳支农为军诚。国家司法鉴定人，大江南北执法公；国家优秀教师领，全军科技奖成功，著书立说五十部，退而不休火正红。

本书是林成教授年逾八旬的新著，是他立足新疆、走遍大江南北，为民为军服务"三农"的见证，是他历尽艰辛风餐简宿走基层，科学调研的成果结晶。他基础理论扎实，实践经验丰富，所到之处必亲临现场，细致观察。以科学为依据，以亲民为准绳。发现问题从不受人为干扰，看问题宏观着眼，又不放过细微差异，有理有据地做出令人信服的正确结论。不论是人多聚集的群体事件，还是在庄严的法庭，他都无所畏惧地面对，勇敢鉴定，实事求是地分析，透过现象看透本质，维护当事人的合法权益，公平公正。数百起案件无一误判，深得政府、人民信任和好评，可谓立德树人。

本书案件多出自辽阔的西域大地，自然环境复杂多变，发展蔬菜多为新区，所用种子品种等多数从外地引入，所以极易出现生产问题。本书涵盖了许多种蔬菜和其生产过程的各个环节，如种子的真假、混杂，质量的好坏，播种条件，基质的配比，出苗多少，育苗成色，定植的适耕性，产品质量好坏、数量高低，叶菜的未熟抽薹，果菜的奇异变态，保护地设施的建造、利用，薄膜类型，保护地栽培和露地栽培技术的不同，气候与气象年、月，甚至日间的温度、光照、风、雨、旱、涝，人为的不当操作，产品的运输贮藏，甚至由于利益驱动而"骗保"等，各种各样的案件层出不穷。此书可作相关专业的教学参考用书，可提高科技人员、生产者发现问题和解决问题的能力。本书也是一部执法为民的精选案例集，彰显了科学、准确、合理、公平、正义，是一部在此领域不可多得的范本。

本人郑重推荐此书，并以写序为荣。

高振华

中国农业科学院蔬菜花卉研究所研究员

2022 年 6 月

自序

　　蔬菜是人类生活中最重要的副食品。我国是世界上栽培蔬菜历史最悠久、产销量最多的国家。各种蔬菜有着不同的种类和栽培方式，荟萃了农业生产中最精湛的技艺，所以种菜也是技术含量最高的领域之一。蔬菜生产中出现的种种问题可谓形形色色、不胜枚举。然而，有技术标准可依、有章可循的文献却很有限。这就要求蔬菜学科技人员具备扎实的专业理论基础、丰富的实践经验、广泛的自然和社会知识、良好的职业道德和敏锐的健康感官，并亲临现场勘验，做出准确分析和判断。

　　我对农业科学的热爱源于中学的生物课。1953 年我在福建师范大学附中上高中时，作为生物课本的《达尔文主义基础》是翻译苏联的教材。书中 2 张彩页介绍了园艺家米丘林培育耐寒苹果并推向西伯利亚的事迹，令我非常崇拜。1956 年高考时，我不顾家父反对，执意学园艺，并考进福建农学院（现福建农林大学）园艺系。当年学农的大学生们深入农村参与生产实践的劳动特别多。1958 年在福建漳州市郊下乡劳动期间，我有幸和著名园艺学家李来荣教授（院长）相邻，得到他宝贵的指导。在专业课学习时，我得到李家慎、陈秀明、张谷曼等老师的教导，奠定了蔬菜学的基础知识。

　　1959 年初，按照农业部"摸清家底"的指示，福建省开始农家品种的普查。陈秀明老师组织我们收集各地蔬菜采种技术，并挑选我和魏文麟、马文祥等同学调查福州地区农家蔬菜品种，完成《福州地区蔬菜品种志》初稿。翌年中共中央提出"大办农业、大办粮食"的方针，农业部从当年农业院校毕业生中遴选师资集中培训。我有幸到北京农业大学（现中国农业大学）园艺系的蔬菜学师资进修班深造一年，得到陆子豪、刘步洲、聂和民、李玉湘、吕启愚等老师的教诲，并阅读了北京农业大学图书馆馆藏的所有蔬菜学中文文献。我们还通过田间试验完成一篇结业论文，接受了农业院校教师的基本训练。1961年结业时，我自愿参加新疆建设，分配到新疆八一农学院（现新疆农业大学）任蔬菜学专业教师，至2004年65岁退休。

在职期间，除了讲授蔬菜学各类课程外，我还参加了一系列社会技术工作。我先后担任新疆农作物品种审定委员会（含兵团）瓜菜专业组长两届10年，连同前期的评审委员共13年。我分别担任过两届新疆园艺学会副理事长、乌鲁木齐市科学技术协会常务委员及乌鲁木齐市、县政府农业顾问等职。1976—1978年，我被借调到乌鲁木齐县培训生产队蔬菜技术员。这些社会技术工作，让我学到许多宝贵的业务知识。

20世纪90年代中期，解放军总部号召全军官兵自力更生开展农副业生产，并提出"斤半加四两"的具体指标。其中，要求部队为每位兵员生产750克/天的蔬菜。我为所有驻疆陆军部队及马兰基地推广温室大棚种菜，进行了多年的科技拥军工作。为解决驻疆部队"吃菜难"的问题，我跑遍了天山南北的许多边防哨所和部队驻地，其中既有空气稀薄、海拔4 300多米的高原哨卡，也有低于海平面的吐鲁番盆地；既有气候严酷的盐碱荒滩，也有常年刮大风的风口军营。1991年我为部队进行蔬菜育苗时，还带领学生在马兰基地过春节。

在长期从事生产实践后，我对新疆这块大陆性气候下的蔬菜生产有了较多的了解。同时，也处理了大量以种子质量投诉为主的各类案件和技术问题。新疆面积占全国的1/6，各地区自然条件差别甚大。这里生产期较短，但空气干燥、生产季节阳光充足、昼夜温差大。而蔬菜作物含水量高，对外界条件反应异常敏感，因而经常发生蔬菜作物未熟抽薹、不完全春化和花芽分化受阻等异常现象。在现有的蔬菜学专著中，未能找到相应的理论依据和明确答案。在北京和福建两地的蔬菜学老师和同学得知我有较多机会处理这些具体技术问题，纷纷建议我将这些实践经历整理出来。

几十年来，我对处理过的蔬菜学专业技术问题都有繁简不一的记录。2004 年退休后，我时常被各地种子管理部门聘请，对各类蔬菜种子（种苗、种薯）的质量投诉案件进行技术鉴定。2010 年，我被新疆农业大学园艺学院推荐到新疆农林牧司法鉴定中心参与司法鉴定的技术工作并通过考试，2011 年，获得"国家司法鉴定人"的执业证书（6501110850045）。10 多年来，在司法鉴定中心李根才主任的领导下，我参与的技术鉴定扩大到 10 多个南北省份。当我处理的案件和问题达到 400 起时，我也进入八十初度的耄耋之年。此时，因司法部对四大类（法医、声像、物证、环境）外的鉴定机构不再进行统一管理，原鉴定中心更名为新疆臻冠达农业科技有限公司，属于人民法院系统组网入围的技术鉴定机构。我今将这些有价值的蔬菜案例进行整理，以期为同行朋友们提供一些参考资料。

改革开放以来，我在新疆及全国各地处理有关蔬菜案件的技术问题，深深感受到蔬菜学科的博大精深。我国普遍栽培的蔬菜超过 50 种，许多蔬菜作物还有着不同的用途种类和栽培方式，方方面面的技术问题相当复杂，分析问题犹如法医断案一般。而且，不少案件是群体性的，直接影响社会稳定和民族团结。有一次我到吐鲁番分析结球甘蓝包心不良原因，主管农业的托乎提副市长激动地说："原来您是菜田的法医啊！"每当通过现场勘验找到原因后，都令人欣喜异常。我非常享受解决专业技术问题的快乐，并终生乐此不疲。

长期以来，和我共同进行鉴定工作的各地专家很多，有些还要和我共同出书。然而，我难以照顾到所有参加过技术鉴定的朋友们，最终决定还是单独编写，文责自负。配合我进行技术鉴定的专家有：中国农业科学院蔬菜花卉研究所周永健、高振华、贺超兴；中国农业大学张福墁、王建华；北京农学院陈青君；山东农业大学卢育华；河南农业大学张绍文；内蒙古自治区农牧业科学院梁德霖、姚裕琪；内蒙古乌兰察布职业学院陈建保；新疆农业大学秦勇、高杰、林辰壹、王叶筠、李学文、张博、吴慧、许红军；新疆农业科学院王雷、田淑萍、尚其武、余庆辉、崔元玗、王晓冬、范咏梅；新疆农业厅种子管理总站王维岗、烟彬、张春荣、高翔，土肥站侯忠贤，植保总站李晶；新疆农业职业技术学院李增萍、刘旭新；乌鲁木齐市蔬菜科学研究所佘长夫、葛菊芬、张亚平、张生、李平、刘炜、颜彤；石河子大学乐锦华、李国英、吕国华；新疆农垦科学院李艳；石河子蔬菜研究所张润；昌吉州种子管理站马德清、徐介寿、黄显贵；昌吉州农业技术推广中心沙黎娥；昌吉州农产品检验监测中心贠玲、丁泳；巴州农科所楚金萍；巴州种子管理站王健；克州种子管理站何红艳；乌鲁木齐县种子管理站张建国、王贵忠、翟兰萍、秦洪伦；乌鲁木齐县农技站于绍兰；托克逊县种子管理站伊力哈木；新疆农林牧司法鉴定中心李根才、蔡志昌、高声亮、赵桂荣、陈金梅、张丽伟、赵玉江、陈为民、张素环、张卫真、汤永东、徐天友、赵明、哈斯也提、熊大振、潘薇薇、桑丽文及肖虹等。各位专家的技术职称及职务从略，请多包涵。本书能出版问世，我谨向以上专家表示最诚挚的谢意！

《菜田探案录——林成教授从业笔记》是蔬菜学理论联系生产实际的记录，以这种形式荟萃具体案例也是一种尝试。由于本人学识有限，加之时间和地域跨度较大，书中难免有不当之处，望各方读者们不吝赐教。

林 成

2022 年 6 月

目录

总论

（代号0）

001　1979年10月　在重庆全国蔬菜科研工作会议上提议创办中国蔬菜学专业杂志

事　由　1979年10月下旬，在重庆市召开了"全国蔬菜科研工作会议"。这是党的十一届三中全会召开后，我国农口蔬菜界开展拨乱反正、着手恢复蔬菜学业务工作的重要会议。该会议由中国农业科学院蔬菜研究所（1987年更名为中国农业科学院蔬菜花卉研究所）和四川省农业科学院联合举办。会议通知要求各省、区、市农业院所派出蔬菜学骨干人员出席，共商如何开展蔬菜学业务工作。到会专业人员共计百人左右。

会议分为3个专业组：育种、栽培及品种资源。我是代替新疆八一农学院李国正老师到会的，分在栽培专业组。在讨论中，我大胆提出两个建议：不宜在我国南方发展加工番茄（HAB01）和我国急需创办一本蔬菜学专业杂志。

当时，中华人民共和国已成立30周年，作为一个近10亿人口的大国连一本蔬菜学专业杂志都没有。苏联的蔬菜生产规模和技术水平都远不及我国，还办有《马铃薯和蔬菜》杂志，而我国却没有，实在说不过去。可是，当时大学刚恢复高考和招生，确实百废待兴。从全国实际情况来看，我建议请中国农业科学院蔬菜研究所牵头创办我国第一本蔬菜学专业杂志。

心得小结　虽然人微言轻，但我的建议顺乎民意，得到与会者的一致赞同。1981 年中国农业科学院蔬菜研究所创办《中国蔬菜》杂志，特地赠送一本给我（彩图 1）。如今，《中国蔬菜》已成为我国科技界的核心期刊，是我国蔬菜学创办最早、最重要的一本专业杂志。在这本专业杂志上，我虽没有发表多少文章，但我以提议创办这本杂志为荣。

002　1984 年 5 月　建议乌鲁木齐控制农科队投资，加大农技站投入

事　由　1984 年 5 月，在乌鲁木齐市政府业务部门召开的一次会议上，我提议控制投资农科队，加强农技站的经费。当时乌鲁木齐市郊有 4 个由政府出资兴建的农科队，每年的花费相当巨大。这些农科队都盖有砖墙结构的钢架玻璃温室，有专用的燃煤锅炉，但种植蔬菜的示范效果很有限，即使是温室也跟不上技术进步。由于玻璃阻挡紫外线，玻璃温室只供育苗用。如果种植蔬菜，则坐果差、病害重。这种"国家出钱，农民种田"的方式，对普及农业科学的推动并不大。与此同时，乌鲁木齐县农技站的科技人员却缺少下乡开展业务工作的差旅费。

当时主管该项工作的领导听到我的建议后很不高兴，但是支持我的建议的同志很多，他们以学术问题畅所欲言为我开脱。就在我提建议不久，有个农科队的温室因雪水渗入后墙，导致墙体开裂而无法修复。此后随着城市建设的扩张，4 个农科队的设施很快都被拆除。

心得小结　作为农业科技人员的个人能力是非常有限的，为政府有关部门提出技术建议是应尽的义务。后来乌鲁木齐市、县政府都聘请我担任农业技术顾问可能认为我是实事求是讲真话的。

003　1984 年 5 月下旬　八一农学院塑料大棚蔬菜竹烟防寒

事　由　1984 年早春我带领八一农学院首届园艺专业本科毕业生

在校内实验基地种植塑料大棚黄瓜（汶上刺瓜）及番茄（粉红甜肉）各 336 米²。当年我们新建的两座塑料大棚为 8 米×42 米的镀锌薄壁钢管结构，铺膜后以弹簧夹固定。定植时间为 4 月 16—18 日，缓苗后黄瓜和番茄均生长良好。不料当年 4 月 23 日发生强冷空气入侵，天气预报 25 日黎明前将出现−5℃低温。由于大棚两侧没有保温材料可用，棚内又不能进行加温和熏烟，我心急如焚。在无计可施的情况下，我想起北京农业大学试验场一名老师傅在寒流来时在温室内点火把来回奔走的做法，我决定采用竹烟进行防寒。

技术分析　我发现在可用来熏烟的材料中，麦草及锯末的烟都非常呛人，唯有竹子的烟是相对较柔和的。我组织学生在大棚中间的水沟中，每 8~10 米放一小堆竹篾及细短竹竿。4 月 24 日，下半夜 3 点半我们到大棚观察温度。此时棚内温度不断下降，当 4 点半棚内迅速下降到接近 1℃时，我们点燃竹篾，待竹子燃烧后用细土盖上任其冒烟弥漫。同时在大棚外各处点燃干草等可燃物，盖土冒烟后让大家休息。次日附近农民的大棚内两侧的喜温性蔬菜普遍遭受冻害，而我们种的黄瓜及番茄安然无恙。竹烟防寒战胜了这场强冷空气的侵袭。

心得小结　我曾将竹烟防寒的经验在新疆各地讲课中广为介绍，并在《中国蔬菜》上撰文发表过，未有发生伤害棚内蔬菜的反馈。

004　1986 年 3 月　建议加速发展"稀有蔬菜"

事　由　1985 年我担任新疆园艺学会副秘书长时，接待过国内首先开展稀有蔬菜种植的北京农学院李燕生老师，得到青花菜及各种莴苣（生菜）等"稀有蔬菜"的种子。我立即在校内的试验地试种，效果不错，但数量很有限。我同时组织少数民族、汉族毕业班学生以青花菜作为毕业论文的题目。我认为，青花菜（西兰花）和多种莴苣（生菜）非常符合我国居民的蔬菜消费习惯，必定受到欢迎。1986 年，我得知新疆化工局于心刚同志爱好园艺并自费开展稀有蔬菜试种。他已有一定数量的产品，但人们既不认识也不敢吃，特别是红叶球甘蓝（紫甘蓝）炒后如同蓝黑墨水下了锅，令人望而生畏。为了加速推广这些新蔬菜，我写出这些新蔬菜的简介，将老于种植的青花菜及几种莴苣装入塑料袋附上简介，送到即将闭幕的自治区三干会上，这些新型蔬菜随各地干部迅速传到新疆各地、州，为推广稀有蔬菜打了先锋。

心得小结　当年的"稀有蔬菜"，如今已成为普通百姓的家常菜。此后有些单位农业科技人员陆续开展"稀有蔬菜"的研究项目并获奖晋级，我已成为评审专家，感受到"待到山花烂漫时，她在丛中笑"的愉悦。我和高杰老师还将青花菜等11种新蔬菜编写成《稀有蔬菜》，并列入《保护地实用新技术丛书》（新疆科技卫生出版社，2000年）。

005　1989 年 10 月　　总结塑料大棚菜农经验参加国际学术交流

事　由　我国自 20 世纪 70 年代推广塑料大棚蔬菜栽培以来，在北方地区长期未能处理好通风和抗风的矛盾。过高的棚内温度，使蔬菜作物普遍早衰。然而打开棚膜通风后，又容易伤苗和损坏薄膜。80年代中期，乌鲁木齐北郊菜农们巧妙地创造了一种双活缝结构：将构成活缝的两块薄膜侧面，分别熨烫进一根绳子，将活缝用压膜线固定在大棚两侧的拱杆上，巧妙地解决了通风和抗风的矛盾。这种结构也应用到温室的棚膜上，并不断得以改善。1989 年北京筹备国际农业工程学术讨论会征文时，我将这项新疆农民的创造写成英文学术论文，参加了 1989 年 10 月在北京召开的国际农业工程学术讨论会。在讨论中，国内外专家对此结构都给予了肯定。

心得小结　我先后 4 次向国内外召开的国际学术讨论会提交蔬菜学学术论文，其中两篇就是农民的技术创造。

006　1994年3月　将蔬菜育苗的"撒播"改为"嘴喷"

事　由　蔬菜育苗时需要将多种蔬菜种子进行浸种和催芽，然后再设法均匀地撒播到育苗床上。我是蔬菜学专业教师，在培养学生和技术员时，深感将湿种子播撒均匀并非易事，即使是掺上细沙，也不容易将成坨的种子均匀播到苗床上，出苗后往往挤成一团。记得在北京学习时，我见到有位农民师傅将催芽后的蔬菜种子置于碗中，放入清水后用嘴喷洒种子十分均匀。我觉得这个办法特别适合推广。同时，我又将新疆农民撒种后、在苗床各处放一小段芦苇秆作为覆土标志的做法也组装起来一道运用。这个办法可使新手顷刻之间变成老师傅。当年，实习学生用嘴喷洒的种子非常均匀，不但令老菜农啧啧称奇，也使学生学农爱农。20世纪90年代，我为驻疆部队解决"吃菜难"问题做了大量技术服务工作。我在各地培训种菜技术骨干时，都亲自示范"嘴喷"种子，官兵们一学就会，非常受欢迎。

心得小结　实践出真知。农业科学就是不断向农民群众学习后，再总结深化而来的学问。在专业工作中，我特别注意学习各地农民的技术创造和独到的技艺。

007　1995年4月　用环己酮溶解聚氯乙烯薄膜配制补膜胶水

事　由　1995年新疆军区后勤部到吉林省白山市采购了当时国内最结实的聚氯乙烯塑料薄膜。聚氯乙烯可溶解于有机溶剂环己酮中。我建议收集所有聚氯乙烯薄膜的边角料供配制胶水来补膜。此后，部队统一购买环己酮，分发到连队配制补膜胶水。实践证明，这种补膜胶水补过的棚膜破洞，形成了非常结实的局部双层复合膜，比通常用胶带补破洞的效果优越。

心得小结　目前塑料薄膜的材料有多种，但聚氯乙烯薄膜还可以采用这种办法来配制补膜胶水。

008　1995 年 9 月　研制和推广新型钢竹混合结构温室大棚

事　由　1995 年 9 月，驻疆部队在推广竹架温室和大棚后，深感需要更为牢固结实的架材。但是，全面使用钢架却花费巨大。为此，我对原有的钢竹混合结构架材进行改进。我设计了一种匙形套环，将其焊接在钢架上。使用时将竹竿插入套环中，使竹竿和钢材紧密结合，从而改变了以往钢竹结构温棚捆绑竹片容易伤及棚膜的弊病。新疆军区后勤部刘振林同志进一步将这种结构分解为装配式棚架。当年秋季，新疆军区的 4 座军工厂昼夜赶制了供 33.3 公顷温室大棚使用的新型装配式钢竹混合结构棚架送往边防线上。1996 年在边防线上推广后，效果特别明显。当年在哈巴河县及塔什库尔干县两地边防团的营房围墙都被大风刮倒，但这两团温室群的温室大棚的棚膜却安然无恙。这种在边防线上不用动力电源和焊接就能组装的温室大棚，比竹架结构结实耐用、又比钢材结构价廉。1996 年暑期，在塔什库尔干县高原农副业生产现场会上，来自全军的代表们品尝了帕米尔高原首次丰收的番茄果实，总部的领导也给予赞扬。

心得小结　在总部首长的关怀下，新疆军区后勤部让我作为项目的技术主持人补报了这项课题研究成果。经北京和新疆同行专家鉴定，该成果"丰富了我国的温室大棚类型，属于国内先进水平"。原兰州军区授予"全军科技进步三等奖"，这是新疆军区后勤部首次获得该类奖项。

009　1996 年 1 月　建议新疆不要盲目发展现代智能温室

事　由　20 世纪 90 年代，新疆也学习内地积极发展高耗能、高投入的现代智能温室。有人还认为，引进了现代化智能温室就等于在实现农业现代化道路上迈出一大步。在新疆首府乌鲁木齐市郊，先后修建了多处智能温室。实践证明这种温室存在很多问题：①造价甚高；②散热量大；③能耗巨大；④运行成本高；⑤示范作用小。已修建智能温室的单位普遍存在用不起和用不来的问题，并很快就成为各地的包袱。1996 年我将该建议写成论文发表，1998 年该论文被评为乌鲁木齐市优秀论文和优秀建言献策奖。

心得小结　1996 年春，自治区领导要给我校 1 公顷的西班牙智能温室，我负责经办此事。我认为，学校负担不起这套现代化温室的运行开支而予以谢绝。尽管当时受到非议，但此举为后来学校大规模建设留下宝贵的用地。

010　1999 年 6 月　指导学生总结某温室集团失败的原因

事　由　1999 年 6 月新疆教委征集大学生科技创作作品时，我结合指导我校园艺 952 班学生赴和硕县某农业集团毕业实习，总结了该集团从事温室蔬菜生产失败的主要原因。1998 年秋季，乌鲁木齐市中心挂满大幅标语"今年冬季吃和硕！"。当时新疆的领导提出要把和硕县建成"新疆的寿光"。于是巴州投入巨资在和硕县大量兴建温室进行蔬菜生产。新疆农业大学园艺系放弃了条件优越的马兰基地，改到和硕县某集团实习。不料，当年冬季是个暖冬，邻近的博斯腾湖迟迟不结冰，带来半个月的连续阴天。由于技术指导出错，该集团出师不利，冬春茬蔬菜生产遭到失败。我指导实习学生总结了一篇《今年冬季吃和硕为何吃不成？——评××集团的兴衰》（沙红执笔）。

该论文的主要论点是：①选址没有经过论证。大型温室基地不宜选在大型水面附近。该集团 1 400 多座温室都集中建在博斯腾湖湖畔。由于湖水含盐量逐年增高，冰点越来越低，一旦遇到暖冬年份，连续阴天将给果菜类生产造成严重减产。②某集团的"五统一"采用了以往人民公社统得过死的做法，早已证明不能调动群众积极性。③技术决策失误。当发生连续阴天后，技术主管做出不许揭开保温帘被的错误决定，致使大量黄瓜幼苗因没有阳光而死亡。个别承包户不顾统一规定，私自将帘被掀开一部分，还得到一点收成。其实，阴天早晨掀开帘被后，温室内温度固然有所下降。但过一阵室内气温就会回升。内地菜农缺乏科学知识，仅凭其经验办事，造成1 400多座温室越冬茬黄瓜近乎绝收。④管理体制不科学。承包户和各级管理干部及技术员都是聘请来的，报酬固定，没有明确的绩效奖惩制度，责任心差。出了问题往往一走了之。

心得小结　某农业集团的教训是惨重的，它给当地财政造成重大损失。其实，这些损失原本是可以避免的。该集团的前身就是200多座温室的和硕县某开发公司。当年该公司存在的问题已初见端倪，一旦面积盲目扩大，其缺点也被放大，造成严重损失在所难免。

011　2000 年 10 月　劝阻北疆某市在光纤电缆上修建温室

事　由　2000 年 10 月，应北疆某市蔬菜办邀请，我到该市进行温室蔬菜生产的技术培训工作。该市蔬菜办邀我前往该市某乡现场查看修建温室群的规划和布局。当时温室群的效果图打印得五彩缤纷。我看到这是一条东西走向的细长方形的规划图。在这条地带上布局了几十座日光温室。据办公室负责人说，由于地点难找，好不容易才找到该处进行规划，并准备抓紧动工兴建。

当时，我想起附近有光纤电缆的标志。原来这里刚铺设了光纤电缆，还来不及立警示标志。我记得国家有保护光纤电缆的专门规定：不得在光纤电缆上方建造永久性建筑。而当地对这项规定却不清楚，我建议蔬菜办立即去查一下，避免建成大量违章建筑后再被拆除。

心得小结 事后该市蔬菜办同志非常感激我的提醒，为此避免了较大的经济损失。1958 年秋季，福建农学院组织师生到漳州市郊农村进行劳动锻炼。时任院长的李来荣教授是我国著名的园艺学家。有一次劳动归来，我天真地请教他，要想当一名园艺专家有何诀窍？他严肃地告诉我："没有什么诀窍。你要打好各方面的基础（文化、专业、体能），处处留心皆学问。"从此，我将这位园艺学家的教导作为一生的座右铭。

012 2011 年 3 月 建议新疆控制温室面积扩张，提高经济效益

事 由 20 世纪 90 年代以来，新疆掀起多轮兴建温室的热潮。由于面积越来越大，很多已建成的温室被闲置。据国家统计局新疆调查总队统计，各地闲置的温室普遍在 1/3 左右。然而，很多地方仍然不顾财政的实际困难，不断盲目扩建温室。有的地州领导甚至提出，冬季要在温室里种哈密瓜。针对这些违背科学和新疆自然条件的做法，本人在各种场合都反复说明有关的科学原理。

2010 年 12 月至 2011 年初，我参加了自治区科技厅组织的设施农业调研组。我们冒着严寒对南、北疆 17 个县市 51 处温室群进行了现场调查，召开了 16 场座谈会。在掌握了许多翔实的数据后，我们建议自治区停止温室数量扩张，转向经济效益的提高。然而，上级机关已做出明确数量指标发展温室的决定。所以，当自治区新领导就任时，我又上书建议《解放新疆的设施农业》。

心得小结 作为一名科技人员，在参与或讨论政府的决策时，必须坚持科学原则，实事求是讲真话。即使主管领导不悦，作为专业人员还是要大胆发表意见。

013 2016年6月 阜康市九运街镇有害工业废气伤害农作物案

案情摘要 2016年6月23日，受阜康市农业技术推广中心委托，我们到该市九运街镇新湖村，对当年6月12日清晨附近工厂散发出不明有害气体对农作物造成伤害进行调查。据新湖村村民介绍，6月12日清晨附近工厂飘来一阵前所未闻的刺鼻气味。次日下午3时，人们发现庭院种植的蔬菜及向日葵植株上出现明显的伤害症状，于是向政府部门提出投诉。

现场看到，该村四周都是工厂。村民丁某庭院中的南瓜、西葫芦、黄瓜、茄子等蔬菜的叶片上部分叶肉组织失绿，菜豆的叶片黄化，椒蒿（新疆普遍栽培的香辛植物）的部分叶片干焦，菠菜及莴笋等蔬菜也有不同程度的伤害。在一块叫"五工地块"的条田上，蒋某头茬瓜刚坐果的籽用西葫芦及余某刚开花的辣椒，其部分叶片均有失绿现象；叶某已出现花盘的向日葵下部叶片干焦了。同时，条田南边林带中的杨树及其他绿化树种均有明显的叶片干焦。从总体上来看，向日葵对有害气体的敏感性高于西葫芦及辣椒等蔬菜。

技术分析 新湖村周边有多家焦化厂，还有铜业公司及橡胶厂。平时这里随时都有煤焦油气味，但有害气体源自何处却不得而知。为测定受害的范围，我们以新湖村为中心向四周勘验。经测定，农作物受害的范围南北长1 200米、东西宽850米，面积为102公顷。受害较重的新湖村，农作物因叶片受损害的减产损失估计为15%，其中叶某的向日葵及丁某等庭院蔬菜的减产损失在20%左右。

心得小结 有关农田环境受工业污染的案件此前早有发生，其难点是难以取证。因为有害的废气和污水往往在夜间短时间内排放。作为农业科技人员，我们有责任将受害情况进行记录和测定，并向有关部门反映，以求问题得到解决。

第一章
根菜类
（代号A）

第一节　A萝　卜

萝卜是世界上栽培历史最悠久的蔬菜作物之一，国外以小萝卜（四季萝卜）为主；中国则以大型萝卜（中国萝卜）为主。有人曾将中国萝卜分为秋冬型、冬春型、春夏型和夏秋型4类。但是，蔬菜生产的特异性是蔬菜学的魅力所在。萝卜种植技术不复杂，产量较高，但在引种时稍不注意，就会造成严重的绝收事故。

AA01　1978年5月　乌鲁木齐郊区某农场萝卜未熟抽薹案

案情摘要　1978年5月中旬，一位同行朋友焦急地找到我，希望能解决她引种的春萝卜种子播种后全面未熟抽薹问题。当年该农场计划种一批肉质根较大的晚熟春萝卜。她到内地引种时，轻信了对方介绍，将属于春夏型的红皮萝卜种子引到乌鲁木齐市郊。当年乌鲁木齐地区春季寒流频发，该批萝卜植株轻易地通过了春化作用后，很快就全面未熟抽薹。

技术分析　这是典型的未熟抽薹案件。面对满地的萝卜花薹，同行朋友希望得到抑制抽薹开花的药剂。我从未用过这类药剂，即使有药剂也为时已晚了。

心得小结 一个普通的春萝卜，引种不当就会发生生产事故。当时刚恢复职称评定，这位同行朋友从此改行了，甚是可惜。

AA02 1985 年 9 月 农 6 师 102 团为广东萝卜制种难以脱粒

案情摘要 1985 年农 6 师 102 团某连为广东进行萝卜制种遇到两大难题：一是萝卜果荚特别坚硬，以致无法脱粒；二是抽薹开花晚，产量太低。现场看到，这些萝卜的果荚特别厚，不能使用脱粒机械，只能在晒场上用木棒进行敲打，种子产量仅 1.5 吨/公顷。据悉这些萝卜种子在南方是用来生产萝卜芽菜的，制种时可不必隔离，收购价也很低。

技术分析 这些南方的萝卜种子均在春季播种，当时 102 团某连希望开辟创收渠道，在没有试种的情况下，就大面积承揽多品种的萝卜制种任务。由于当年播种期偏迟，结果事与愿违。

据前人研究，萝卜完成春化作用的温度范围在 1.0~24.6℃，但在 1~5℃ 较低的温度下，完成春化作用较快。在这么宽的温度条件下，一旦某品种春化作用不彻底，开花必然晚而少，种子产量自然受到影响。此外，这类萝卜在制种中技术粗放，其后代群体中产生劣变的概率也比较高。

心得小结 蔬菜作物各个品种的特性千差万别。任何技术开发工作，都必须建立在科学的基础上。有些看似平常而简单的业务工作，往往隐藏着我们想不到的实际问题。

AA03 1994 年 8 月 博乐军分区阿拉山口边防连萝卜植株黄化

案情摘要 1994 年 8 月，我到博乐市为阿拉山口边防连进行老温室改造时，看到该连队种植的萝卜地发生严重盐碱危害，有一半的萝卜植株已经发黄。连长及军分区后勤干部都问是何原因，还问应如何进行治理。

技术分析 首先，我将地表的盐碱结晶放入口中品尝，其咸味突出，而不是碱的涩滑味道。询问得知该连菜地用的灌溉水是含盐量很高的地表水。由于土壤发生次生盐渍化，地表的盐分越来越高，以致萝卜植株受盐碱危害大量发生黄化现象。其次，该连虽然周围都是盐碱地，营房就建在与哈萨克斯坦交界的边界旁，其地势较高，有使用灌溉水进行洗盐的可能。再次，我发现，该连的饮水水质特别好。连长说，经化验其水质超过一般的矿泉水。原来，这里有一眼从岩石缝隙中涌出的优质甘泉。最后，根据新疆兵团农场深挖排碱沟改良盐碱地的做法，我建议将菜地中间的水沟尽量挖深到50厘米以上，用泉水漫灌进行洗盐，将盐分溶解到灌溉水中再排向低处。

1995年夏季我们再到阿拉山口边防连时，连长高兴地一再向我道谢。他说这种改良盐碱地的办法非常有效。连队种植的萝卜直到第二年五一劳动节都没有吃完。

心得小结 新疆耕地的次生盐渍化现象相当普遍，但一般菜地极少有盐碱危害。本次我遇到的是土壤农化的专业问题，得益于在兵团从事业务工作的心得。深挖排碱沟是改良盐碱地的重要措施，可将耕地中的盐分溶解在灌溉水中排到低洼处。可见，当年李来荣院长教导的"处处留心皆学问"一点不假。

AA04　1997年5月　乌鲁木齐县安宁渠镇春萝卜未熟抽薹案

案情摘要 1997年5月上旬，乌鲁木齐县种子管理站请我们来到该县安宁渠镇四十户村，对1、2两队菜农种植的"红棒子"春萝卜未熟抽薹进行现场勘验。"红棒子"是兰州地区春萝卜农家优良品种，其肉质根表皮通红，商品品质优于本地区的"半春子"春萝卜。当地菜农一般在3月下旬露地播种，没有任何覆盖。

技术分析　现场看到，"红棒子"春萝卜的田间几乎没有异常的杂株，说明其纯度很好。发生未熟抽薹现象，说明春季较低的气温满足通过了春化作用的要求。检查中发现，凡是4月初播种、有机质和水分多的菜地抽薹率较低。由此说明，该品种播种期应当比"半春子"晚3~5天为适，播太早必然容易抽薹。

心得小结　在春萝卜中，肉质根越大的其冬性一般越弱，也就是抗抽薹的能力越差。这一点，在北方萝卜引种时要特别注意。

第二节　B 胡萝卜

胡萝卜原产于西亚，在我国已有2 000多年的栽培历史，其营养丰富，除了当蔬菜之外，还可加工成多种营养食品。但胡萝卜的种子是它的干果，在采种时其果实形成了双瘦果（双悬果），每果结两粒种子。但是，这两粒种子发育程度有差异，因此胡萝卜种子的发芽率相对较低。

AB01　2001 年春季　乌鲁木齐达坂城区胡萝卜种子出苗不良案

案情摘要　进入21世纪后，乌鲁木齐市某企业着手安排胡萝卜原料生产、加工胡萝卜汁，品种为"五寸人参"。达坂城区政府争取该项开发任务后，动员农户广为种植。当年春季降水偏少，作物的出苗率普遍受影响。在出苗率较低的情况下，一些农户提出投诉。

技术分析　现场看到，虽然胡萝卜普遍出苗不良，但每块地中都有大小不一、连续出苗的绿苗带，由此说明并非种子有质量问题。我对种植户们说，这不是种子发芽率的问题，因为好种子不可能像通知开会那样都集中到某处出苗，而是哪里水分合适、土壤疏松就出现绿苗带。如果怀疑发芽率有问题，可将种子送检，几天后就会有结论。但是，检验的结论一定是可想而知的。

心得小结　本案的实质是种植户们对区政府组织胡萝卜生产后生长不良的抱怨。出现这类问题应该请有经验的老农出面多做群众工作，并请科技人员设法解决后续问题。

AB02　2001 年 5 月　米泉市郊胡萝卜肉质根 "黄圈" 现象

案情摘要　本案和前一案件是紧接的，都是乌鲁木齐开发区的某企业初次组织原料供生产胡萝卜汁的。由于 2001 年春季气候干燥，皮红、肉红及心红的 "五寸人参" 胡萝卜，其肉质根形成了一圈金黄色的 "黄圈" 现象。按开发区某加工厂签订的协议，质量不达标的胡萝卜是不收购的。于是当地种植户们群情激愤，纷纷要求政府解决问题。

技术分析　在当地政府约请下，我们对这些 "黄圈" 胡萝卜进行仔细观察。米泉的地势低，是最早成熟的原料基地。我们看到，肉质根形成的黄圈正好处在木质部和韧皮部交界处。由此断定这是胡萝卜肉质根在发育过程中遇到一段时间的水分缺乏而形成的。厂方代表说，他们收购的大部分胡萝卜都是加工成浓缩汁销往内地的，只有少量原料是供加工胡萝卜汁饮料的。还说出现黄圈后，浓缩汁达不到质量要求，对方是不要的。我提出当年春季气候干旱，胡萝卜普遍出苗较差，种植户已蒙受减产的损失了。希望厂方以双方的长远利益为重，妥善解决这一问题。出现黄圈的胡萝卜在加工后，其产品颜色会稍淡一些。现代食品加工使用各种食用色素，一定是能解决这个技术问题的。

心得小结　多年来农产品加工行业普遍有种不良现象：丰收之年，压级压价；歉收之年，原料大战。建议厂方应以双方长远利益为重，这是农产品加工企业都要遵守的基本原则。

AB03　2005 年 7 月　博湖县早熟胡萝卜大面积抽薹

案情摘要　2005 年春夏之交，南疆焉耆盆地的博湖县在胡萝卜收获时，田间出现大量未熟抽薹植株。当地既生产做蔬菜的胡萝卜，也种植加工胡萝卜汁的原料，主栽品种也是"五寸人参"。为了抢早上市，种植户普遍使用塑料小棚栽培。该批胡萝卜种子是西南一家著名种业公司繁育的。当发生抽薹现象后，广大种植户将此问题反映给有关部门。主管领导到场后，明确表态胡萝卜种子肯定有质量问题。可是当行政部门通知制种单位前来查看时，对方态度强硬。他们表示其种子绝无质量问题，如果有证据表明种子有质量问题，一定如数赔偿。于是种植户们强烈要求尽快处理此案，并向县法院提出诉讼。

我一进入焉耆盆地，就看到当地的胡萝卜地普遍都有 2 米高的抽薹植株。可是，这些胡萝卜地照样有部分合格的产品上市。我和当地同行一道进行田间调查，发现"五寸人参"胡萝卜的平均抽薹率为 7.6%。而且，其他品种抽薹率更高，根本见不到不抽薹的胡萝卜地。于是我提出要当年博湖县的气象资料。

技术分析　就在我等待气象资料时，农业局司机给我提供了巴州气象局关于 4 月间焉耆盆地有强冷空气入侵的气象预报。据前人研究，我国的胡萝卜品种都属于植株春化型作物。当植株生长到一定大小（15~20 片叶）时，如遇到≤15℃的温度 15 天以上，胡萝卜就会通过春化作用而未熟抽薹。当年南疆寒流来得晚而强，预报 4 月上旬会出现-4℃的低温。由于冷空气比重大，很容易在盆地低洼处聚集。特别是使用小棚覆盖栽培的早熟胡萝卜，其植株生长量较大，寒流来临时，地上部分有了足够的生长量，为完成春化作用提供了植株条件。

心得小结　此案的复杂性在于主管领导轻易表了态后，当地农业科技人员就避免和上级唱反调。我指出未熟抽薹的主要原因是强冷空气入侵后，使已达到感温大小的胡萝卜植株完成了春化作用。在我起草结论后，当地农技人员均签名支持。由于抽薹植株一般高达 2 米以上，每亩（1 亩 ≈ 667 米²）胡萝卜有 2 万多株，平均抽薹 1 500 株以上，给人以损失严重的错觉，其实损失并不大。可是，那位主管领导得知鉴定结论后却很生气，直到他调走后当地才敢再请我做相关鉴定。

AB04　2011 年 9 月　巴里坤县石人子乡胡萝卜肉质根畸形案

案情摘要　2011 年 9 月 24 日，哈密市张某投诉她种植的"精选美国七寸"胡萝卜种子有质量问题，因为她在巴里坤县种的 42.3 公顷胡萝卜出现很多肉质根分叉和开裂等畸形现象。当我们来到该县石人子乡三村张某承租的地块后看到，这是一块砾石很多的山前冲积扇，土壤瘠薄，有机质少，所以租金低廉。张某首先用除草剂仲丁灵进行灭草，5 月 12—14 日机械播种，行距 15 厘米，滴灌带间距 55 厘米，仅间苗 1 次。该胡萝卜地未施底肥，结合滴灌进行追肥。现场虽无盐碱危害，但管理粗放，野燕麦等杂草很多。田间胡萝卜出现很多肉质根分叉现象，有的分叉处还卡着阻碍肉质根发育的小石子。经随机取样，测得每亩保苗高达 6.16 万株。现场随机抽查 9 个样点，每点观察 100 株，胡萝卜肉质根平均开权率 31.1%，裂根率 10.9%，直径小于 2 厘米的非商品小胡萝卜占 21.9%。但是，在土质较好的个别地段，胡萝卜肉质根生长粗壮而顺直。而且，肉质根的形状及黄色都相当整齐，没有品种混杂现象。

技术分析　胡萝卜肉质根出现分叉现象和其种子质量没有直接关联。据我国最权威的《中国蔬菜栽培学》[①] 第 298 页指出：在一般情况下，胡萝卜肉质根上 4 列相对的侧根不会膨大，只有在环境条件不适合时，侧根膨大，使直根变成两条或更多的分叉。该书还指出分叉的具体原因是：土壤质地黏重、石砾等硬杂物多，阻碍直根生长；施

---

① 中国蔬菜栽培学（第二版），中国农业科学院蔬菜所花卉研究所主编，中国农业出版社，2010 年。

肥不当，肉质根遇到高浓度的肥料往往枯死，侧根发育生长；地下害虫为害，咬坏直根先端促使侧根发育生长。

胡萝卜肉质根开裂现象和种子质量也没有直接关联。《中国蔬菜栽培学》在上述同一页上指出：开裂现象的发生往往和土壤水分供应不当有关，干旱时肉质根周皮层木质化程度增加，此时如突然浇大水，肉质根迅速生长，周皮层不能相应长大而导致破裂。由于该地块土壤贫瘠，有机质甚少，土壤蓄水保肥能力较差，使用滴灌带间距有55厘米宽，田间土壤水分状况不一致。在样点1，肉质根开裂率达30%以上，说明土壤含水量过高；但在样点5、7两处，就完全没有肉质根开裂现象。

新疆种植胡萝卜一般保苗2.2万~3.6万/亩，生产中需间苗3次，最后一次又称"定苗"，而张某仅间苗1次，密度太大，有些地段甚至出现肉质根相互挤压现象。

心得小结　我们耐心地向张某分析胡萝卜肉质根异常的原因让她心悦诚服，她表示会认真总结经验教训。

AB05　2012年7月　和田市郊胡萝卜肉质根"鼠尾"现象

案情摘要　2012年7月受昌吉市某种业公司约请，我前往和田市郊勘验该公司被投诉的"齐头黄"胡萝卜种子。令人惊愕的是，当地田间出现了很多鼠尾状的胡萝卜肉质根，也就是占肉质根50%~60%的下部、缩隘变异为细长的鼠尾状，这种异常现象前所未见。现场看到，这些"鼠尾"胡萝卜均由当地维吾尔族农户种植在地下水位很高的和田河岸边的沙壤土上。

技术分析　在调查中，我们看到了一块肉质根正常的胡萝卜地。种植户是当地伊斯兰教阿訇和市政协委员，投诉的种植户代表是其女婿。我询问他种植户们是如何将胡萝卜种成老鼠尾巴呢？他笑而不答，反问我是何原因？我说这里是缺乏有机质的沙壤土，蓄水保肥能力弱，浇水后地表很快就干了。由于水源方便，种植户们就频频浇水。致使肉质根只能在地表 8 厘米左右的土层中正常发育，而下部就因过于潮湿、发育成很细的老鼠尾巴状。他点头称是，并主动说他会给大家做工作。我说汉族农民过去常有"只传儿子不传女婿"的毛病，难道你也不教女婿种地技术吗？在场的村民们都笑了。

心得小结　出现异常现象必定有其特殊的原因，寻找正常的对照进行分析比较，问题就迎刃而解了。该种植户为本村阿訇及市政协委员，社会威望较高，工作中发挥他们的作用可事半功倍。

AB06　2016 年 2 月　农 4 师 64 团某保鲜库胡萝卜腐烂案

案情摘要　2016 年 2 月 17 日，受兵团霍城垦区人民法院委托，我们来到可克达拉市农 4 师 64 团某保鲜库，对佘某贮藏在该库的胡萝卜等蔬菜发生腐烂的原因、程度及数量进行司法鉴定。2015 年 9 月 11日，种植户佘某和该库经理陈某签订租赁合同，时间定为 2015 年 9 月 11 日至 2016 年 4 月 30 日，库内温度确定为 3~6℃。此后她陆续将承包地生产的胡萝卜等蔬菜全部运入该冷库内贮藏。2016 年 1 月中，佘某发现库内蔬菜严重腐烂后提起诉讼。

该保鲜库是 2015 年新建成并初次投入营业的恒温冷库，使用氟利昂为冷却剂，以间接冷却方式制冷。运行时鼓风机将库内空气吸入冷却设备内吸热后再送入库内进行降温。此法较直接制冷的保鲜库内温度相对均匀，并可排出二氧化碳等有害气体。该贮藏库墙体表面喷涂了聚氨酯保温层。不足的是，库内没有专用钢架供用户分层存放农产品。

据介绍，从 10 月 1 日开始，佘某陆续将 7 车胡萝卜约 35 吨运入 9 号库。我们看到，该库中的胡萝卜系编织袋包装，紧靠右墙堆垛。其底部贴地，高约 2 米，堆垛间未留通风道。袋中的胡萝卜普遍从顶部长出嫩芽。我们从不同位置的包装袋中取样，切开胡萝卜肉质根，其心髓部普遍有明显的糠心现象，难以销售。

勘验时库方说，佘某在产品入库后极少前来察看，即使通知也推说工作忙，这和贮藏葡萄的客户形成极大的反差。但佘某说产品入库后，库方就应该保证长期贮藏的产品质量。

技术分析　贮藏温度设定为"3~6℃"是产品变质的首要原因。《中国蔬菜栽培学》（第二版）第 1361 页指出：胡萝卜适宜贮藏温度为 0℃。温度过高必然导致库内农产品损坏变质。

心得小结　当前我国恒温保鲜库发展速度很快，但普遍缺乏专业技术人员。广大种植户和开发商往往都过高估计保鲜库的性能。本案中种植户不了解农产品的贮藏温度，库方因缺乏经验，未对客户进行风险警示，以致全部产品失去商品价值。

AB07　2016 年 8 月　阿克陶县皮拉勒乡胡萝卜肉质根发育不良

案情摘要　2016 年 8 月，阿克陶县皮拉勒乡种植户亚某等 8 户维吾尔族农民因胡萝卜肉质根发育不良，投诉新疆某种业公司的"齐头黄"胡萝卜种子有质量问题。两位经销商迫于种植户的压力长期滞留乌鲁木齐请求解决。当我来到阿克陶县东北的皮拉勒乡十八村时惊奇地看到，这里是雪山下地下水位特别高的沙壤土。当地农民种西瓜及胡萝卜是不浇水的旱地栽培。这种栽培方式类似 20 世纪 50、60 年代鄯善县著名的东湖旱地瓜。当时农户正在收获胡萝卜，肉质根短圆柱形，外皮及肉色皆淡黄色，符合品种特性，未发现种子质量问题。而胡萝卜肉质根的品质和土壤中的水分状况息息相关。凡是水分状况好的地块，肉质根品质就好；凡是缺水的地块，其品质就较差。即使是同一种植户的一块地，水分充足的地段长得就好；缺水的长得就差。然而，过多的水分也会使肉质根生长异常。

技术分析　在现场我指出，种植户亚某的胡萝卜地里，东边土壤较湿润，胡萝卜长得比较干的西边好得多。赛某初学滴灌技术，其胡萝卜长得很好。阿某采用起垄沟灌的栽培方式种胡萝卜，其产品质量也很好。由此说明，由于全球气候变暖，雪山积雪量减少，地下水的供应不如以往。有些村民已经意识到这个问题，开始注意改变传统的种植方式。在乌某的地里，也出现了肉质根很短的老鼠尾巴状的胡萝卜（彩图2）。究其原因，其前茬是需要浇水的玉米，土壤中残留的水分较多，因此靠近地表的肉质根发育正常；而下部的土壤水分过多，肉质根就长成了老鼠尾巴状的细根。

心得小结　排除了种子质量问题之后，在现场以实例进行对比，通过解释栽培技术问题，少数民族种植户逐渐明白了栽培原理。

AB08　2019年6月　内蒙古察右中旗乌素图镇胡萝卜缺苗断垄案

案情摘要　2019年6月，内蒙古察右中旗乌素图镇引进"红誉七寸"和"红誉6号"胡萝卜种子，播种后出苗不整齐、出苗率低，有些幼苗叶尖干枯，生长势较弱。此前旗种子站曾组织有关专家们对王某等10家种植户进行了两天的田间调查，结论是："造成上述现象的可能原因是种子生活力不高，顶土能力弱所致"。7月15日，乌兰察布市农作物种子检验中心对涉案种子进行检验，做出了"质量合格"的结论。然而，种植户们向法院提起诉讼者多达80余人，察右中旗法院委托我们对胡萝卜缺苗断垄的原因进行技术鉴定。

在多次田间勘验中我们看到，两个进口品种胡萝卜植株性状整齐，田间很难见到杂株及抽薹植株。种植户们均采用"种线播种法"：每粒种子按7~8厘米间距、包进1厘米多宽的纸带中，然后用机械播入土中，每亩播种量仅30~35克。8月27日，我们抽查了李某等6户的胡萝卜地，平均保苗11 122株/亩，单株肉质根重257克，平均产量42.8吨/公顷。同时，其他胡萝卜品种田间也同样发生缺苗断垄现象。

9月上旬，我们接着对其他投诉户进行田间勘验，其中产量最高的是尚某，其胡萝卜产量高达78.4吨/公顷。

技术分析　该批胡萝卜进口种子十分昂贵，折合20万元/千克以上（650元/2.5万粒罐，千粒重1.1克）。由于采用不间苗的纸线播种，每亩播种量为2.78万~3.18万粒，仅有通常播种量750克/亩的4.1%~4.7%。胡萝卜种子为双瘦果（双悬果），通常在两粒种子中，其中一粒发育较差。因此，胡萝卜发芽率70%即为合格。在如此超低量播种的情况下，对播种质量和田间土壤湿度及结构的要求比较严格。一旦机械操作不到位、雨后地表板结、供水不足或播后出现刮大风天气，出苗率都会受到影响。

2019年察右中旗胡萝卜播种后的5月中下旬，气温比前4年低3.6~5.4℃，而降水量却比同期多24.3~9.3毫米。这就是种植户普遍反映雨前播种不如雨后播种出苗好的原因。当地专家在调查中已证实，如此超低量的播种，仍出现出苗率超过50%的地块，充分说明种子生活力很强。所以，本案不是种子质量问题，但是高价进口种子采用超低量播种的做法值得商榷。

心得小结　首先，本案是一般的栽培问题。因有人隐瞒种子部门检测结果，才形成了群体性事件。其次，进口种子的质量较高，种植户的胡萝卜单株产量都在250克以上。但是，我们不能长期依赖昂贵的进口种子，必须大力提高我国胡萝卜的育种水平。

第三节　C 芜　菁（卡马古）

芜菁是我国古老的蔬菜之一，栽培历史悠久。新疆的芜菁俗称"卡马古"，是芜菁中的特有类型。其皮色有紫色及白色两种，肉质根白色，组织致密，多用于肉食（煮"胡尔炖"），亦可腌制及制作凉菜，是新疆少数民族喜爱的根菜类蔬菜。

AC01 2005 年 10 月 伊宁市郊卡马古种子质量投诉案

案情摘要 2005 年 10 月，伊宁市郊一户维吾尔族农民投诉新疆某种业公司销售的卡马古（芜菁）种子种植后不是卡马古。受伊宁市种子管理站委托，该供种单位专程邀请我和乌鲁木齐蔬菜科学研究所（以下简称"蔬菜所"）的专家长途驱车前往勘验。种植户是一位年过古稀的老农，他头上戴着巴旦木（扁桃）花的维吾尔族花帽，这是南疆喀什地区常见的图案。我向他问候后，询问他老家是否在喀什，他点头称是。

新中国成立前，南疆贫苦农民普遍向往北疆的伊犁地区。当时交通条件很差，很多年轻人历尽艰辛翻越常年积雪的天山来到伊犁。由于自然条件非常恶劣，高山空气稀薄、气压低，路途遥远，沿途留下很多倒毙者的坟墓。历尽磨难最终到达者，都有征服天险的自豪感，在社会上颇受人尊重。我又问他年轻时是否是翻越天山来伊犁的。他非常惊奇，高兴地握住我的手直点头。感情沟通到位，卡马古的种子问题就不难解决了。

技术分析 在庭院种植现场，我们一眼就确定农户种植的就是卡马古，其肉质根已形成，但植株普遍抽薹开花。剥开尚未成熟的果荚，其中已结有淡棕红色的嫩种子。卡马古在新疆可进行春、秋两季栽培。发生未熟抽薹的原因是播种过早，其种子从萌芽开始，就能积累低温的影响而完成春化作用。

心得小结 卡马古（芜菁）播种过早容易抽薹，其原因是明确的。本案说明在处理种子投诉时应注意拉近和当事人的感情距离，以理服人，以情动人。

第二章
薯芋类
——
（代号 B）

第一节　A 马铃薯

马铃薯已被我国定为第四大主粮，同时马铃薯又是栽培面积很大的蔬菜作物，具有重要的经济价值。我国已普遍推广脱毒马铃薯，为此制定了相关的种薯及栽培技术标准。新疆的山区是马铃薯的重要产区，由于从邻国传入国际检疫的马铃薯甲虫，使马铃薯种薯及商品生产受到一定的影响。

BA01　1999 年 5 月　乌鲁木齐西山农场马铃薯大面积烂种案

案情摘要　1999 年五一劳动节，我们被乌鲁木齐农垦局（现农 12 师）紧急请到西山农场处理马铃薯烂种案。当年 4 月下旬，该农场有职工挖开马铃薯播种穴，发现普遍烂种现象。西山农场技术科花了一周时间，对全场马铃薯烂种情况做了全面调查，确定了各种植户的烂种率，但对烂种的原因却不明确。

据农场技术科介绍，烂种和马铃薯的品种无关，但播种期早的比晚播的烂种重；使用某蛋禽公司生产的鸡粪复合肥为种肥的比未施用的烂种多。我们在该场各队对技术科调查的结果进行了抽查，证实技术科的数据是准确的。

技术分析　我根据此前乌鲁木齐县永丰乡因鸡粪造成温室黄瓜幼苗死秧的勘验经历（GA05），怀疑某蛋禽公司生产的复合肥中有大量未腐熟的生鸡粪。现场勘验中我发现，有一户虽未施用该公司的复合肥，但施用了鸡粪做底肥，也同样发生烂种现象。我们询问该公司的代表，鸡粪是否经过腐熟再进行加工，回答是没有。未经腐熟的鸡粪即使和化肥混合后加工成颗粒肥料，其中的鸡粪仍然是未腐熟的。这种肥料接触到种薯的切口后，必然出现烂种现象。由此肯定该农场马铃薯大面积烂种的主要原因是当年全场应用了某禽蛋公司生产的鸡粪复合肥。由于当年春季北疆气温回升较慢，西山农场地势较高，地温较低，种薯的切口接触了颗粒肥料中的鸡粪就容易发生腐烂。鸡粪在土壤中发酵会产生有害物质，不但会伤害作物的根系，还会伤害马铃薯种薯。

心得小结　鸡粪伤苗已有共识、容易理解。但是加工后的鸡粪复合肥，容易给人是腐熟有机肥的错觉。其实，它们同样是没有腐熟的鸡粪，即使加工成颗粒肥料，施用后依然存在风险。

BA02　2010年5月　农6师101团"大西洋"马铃薯烂种案

案情摘要　2010年5月26日，应农6师种子管理站邀请，我们和兵团的有关专家一道前往该师101团的2、3、6、7连4个连队进行现场勘验。这些连队是接受新疆某公司的订单，生产"大西洋"马铃薯作为加工原料的。播种期为5月4—19日。由于气候原因，当年马铃薯播种期比历年推迟了近1个月。据介绍，当种薯送到这几个连队时，切薯前大家就反映过种薯腐烂率较高。经过挑选播种后，还是出现了明显的烂种现象，严重影响了种植户的收成。

在4个连队，我们勘验了种植户范某等4家种植的"大西洋"马铃薯地块，还察看了郑某种植的荷兰15号（费乌瑞它）马铃薯地。我们随机取了16个样点，每样点挖3米长的栽培垄，统计马铃薯腐烂率，并按照完全腐烂、重度腐烂、轻度腐烂及未腐4级统计其腐烂指数。勘验结果是，该批"大西洋"马铃薯田间腐烂率为 66.1%，腐烂指数为 55.8；郑某的菜用马铃薯腐烂率为 24.4%，腐烂指数为 12.3。

技术分析　由某开发公司提供的"大西洋"马铃薯种薯在切薯前就存在腐烂较多的问题。公司方面承认腐烂率为 7.2%～8.3%，而 101 团农业科的统计为 13%～15%。种薯腐烂率偏高和品种有关，附近产区种植的该品种也发生烂种现象。调查表明，该团早播和晚播的烂种率差别不大；但同一地块上早播的比晚播的烂种率高。当年降雨量较多、土壤水分较高也是烂种率高的原因之一。

心得小结　农业开发牵涉的因素较多，尤其是规模较大的开发项目，一定要慎之又慎。种薯出问题，相当于刚启航就触礁。我们当时建议双方尽快协商解决烂种的善后问题，烂种严重的地块应立即改种晚春作物，出苗率低的地块应加强管理，以减轻损失。

BA03　2014 年 9 月　内蒙古武川县西乌兰不浪镇马铃薯减产案

案情摘要　2014 年 9 月 23 日，受内蒙古武川县人民法院委托，我们来到该县西乌兰不浪镇红山子村，对某种植合作社投诉河北某种业公司因种薯质量造成的减产损失进行司法鉴定。该合作社当年购买了某种业公司 140.4 吨"费乌瑞它"种薯，共播种了 58.3 公顷，临收获时因产量低认为种薯有质量问题。8 月 22 日，武川县种子管理站邀请有关专家进行鉴定，认为"长势不良的马铃薯是由于病毒病造成的，原发病株率为 34.95%，原发病毒病由种薯带毒所致。"县法院要求我们对"因种薯质量造成的减产损失进行司法鉴定"。

种植户种了两块马铃薯地，一块前茬为小麦，一块为重茬地，由两组旋转式喷灌机械供水。不巧的是，就在我们来的前一天晚上出现了早霜，马铃薯植株全被冻死。在现场，我们不能确定种薯有无质量问题，只能进行测产。我们在两块地中的不同位置上，随机取了 10 个样点，每个样点面积 3.6 米²，挖出马铃薯称重。县法院的 2 名法官冒雨到场监测。经测产，一号地为 24.9 吨/公顷，二号地为 19.8 吨/公顷。法院询问我们该案是什么问题，我们一致认为是栽培问题，而非种薯质量问题。

技术分析　经调查，种植户在播前切种薯时，并未提过种薯有质量问题。此前当地专家在马铃薯收获前夕，根据田间病毒病调查就确定是种薯带病毒，对此我们不能赞同。蚜虫是传播病毒的来源。虽然种薯带毒和蚜虫传毒都会产生病症，但在田间是无法区分的。"费乌瑞它"是早熟马铃薯品种，当年的气候条件不利于晚熟栽培。测产表明，个别样点产量相当高，重茬的二号地和轮作的一号地平均产量相差 5.1 吨/公顷，说明栽培上确实有问题。

心得小结　本案是一起减产案件，但有人想通过投诉种薯质量问题及草率鉴定以转嫁损失。经对簿公堂，各级法院还是坚持科学原则，采纳了我们的鉴定意见。

BA04　2015 年 6 月　青河县 "大西洋" 马铃薯出苗不良案

案情摘要　2015 年 6 月 10 日，应青河县某种业公司委托，我们到该县塔拉提村、河甫村及灌区 3 地，对米某等 6 家种植户投诉 "大西洋" 马铃薯出苗不良进行司法鉴定。当年种植户们购买种薯后，就在公司贮藏窖前切薯晒种，播种期为 4 月下旬至 5 月上旬。前两个村的马铃薯地前茬为小麦和玉米，土壤结构良好，系肥力中上的沙壤土；灌区为连作的新区，土壤瘠薄，结构较差，是砾石较多的沙壤土。各户均采用膜下滴灌栽培，沟距 0.9 米，株行距为 25 厘米×30 厘米双行。种植户们以当年出苗不良为由，怀疑种薯有质量问题。

技术分析　现场勘验表明，出苗不良和当年气候有关。当年种植户们在切种薯时，并未反映种薯有质量问题。而且，该县当年的气候异常。根据气象记录并和前4年平均气温相比，2015年青河地区4月下旬气温较高，最高气温高达30℃。然而进入5月后，全月阴雨天18天，占58%，而晴天仅6天，阴晴天7天，分别占19.4%和22.6%。而且6月1日还出现霜冻。这种异常气候必然影响地温回升和种薯出苗。

《中国蔬菜栽培学》（第二版）第327页关于马铃薯"播种"部分指出："从播种到出苗是马铃薯栽培中的一个重要时期。出苗期主要受种薯的质量、地温和土壤水量的影响。……播种时的地温和土壤墒情会影响出苗的早晚，当地温低于6℃时，幼芽便停止生长，最后将直接形成小薯而影响出苗。低温干旱会延迟幼苗出土，而高温高湿则易使种薯因缺氧而引起腐烂。"以上提到的"小薯"就是长在未出苗的种薯上，俗称"梦生薯"。我们在现场就看到了"梦生薯"，说明播后有一段地温较低。"大西洋"马铃薯淀粉含量较高，贮藏后糖分分解较多。在不利出苗的条件下，其种薯比一般品种容易腐烂。

在未出苗的种薯中，有27.1%表现粉质化，主要原因是这些种薯个体较小（≤35克），切薯后失水较多，而且播后土壤较干。其次，种植户切薯后普遍晒种时间较长。例如，郭某称其播种期为4月26—27日，但据公司出库单显示，他从4月24日开始拉运种薯32批，直至5月9日才结束；陈某4月23日切完种薯后，也未进行防晒处理，从4月27日至5月8日分31次才运完种薯。所以，种植户们（除米某）切薯后的种薯都晒了较长时间才播种。没有晒种的丁某，是自行留种的"夏波蒂"，出苗就很好。

米某没有晒种的"大西洋"种薯出苗不良，但其东邻的科塞德集团种植的同品种种薯的出苗率为111.1%，并已普遍开花。由此表明，即使在耕地条件较差的灌区，播后管理到位也能出苗较好。

心得小结 经勘验未发现青河县某公司当年的"大西洋"马铃薯种薯有质量问题。2015年春季青河县马铃薯出苗不齐与当地春季气候异常及种薯晒种时间过长有关。而且，播种后缺水及部分种薯偏小等因素也影响了马铃薯出苗。

BA05　2015 年 10 月　霍城县兰干乡马铃薯块茎畸形案

案情摘要　2015 年 10 月 13 日，受霍城县某专业合作社委托，我们来到该县兰干乡牧场村，对该社种植的马铃薯发生畸形及严重减产的原因进行司法鉴定。该社在当年 3 月购买了玛纳斯县某种业公司生产的"天山宝宝 3 号"马铃薯种薯 40 吨，在公司指导下进行种薯切块并机械播种了 13.9 公顷。不料临收获时发现，许多马铃薯块茎发生畸形现象。

据介绍，该专业合作社系首次种马铃薯，其地块位于开荒第三年的坡地上，前茬小麦，播前使用了除草剂异丙甲草胺，每公顷施入磷酸二铵、复合肥及钾肥 825 千克为底肥，播后 1 周每 6～10 天滴灌 1 次，水肥交替，每公顷已追施 150 千克磷酸一铵及 75 千克尿素。该处海拔 743 米，坡度较大，沙壤土，土壤瘠薄，个别地段还有轻度盐碱，田间管理非常粗放。由于马铃薯植株和叶片均已干枯，无法判断病害状况。但据该社经理罗某称，他是 6 月 20 日才到职的，当时马铃薯已进入开花末期，田间并无明显病害。

现场看到，田间杂草丛生，以灰藜和狗尾草为主，还可见到马铃薯甲虫在啃食露出地表的块茎。现场马铃薯的块茎普遍较小，有不少块茎严重畸形。种植方认为是种薯含不良基因所致，供种方则说从未见过杂草如此严重的农田，双方争执不休。我们随机抽样 5 个点，每样点面积 3.34 米^2，将挖出马铃薯块茎称重，估算产量只有 18.4 吨/公顷。

技术分析　畸形马铃薯属于水分供应不当造成的"薯块芽的二次生长"，其原因是浇水管理不当所致。《中国蔬菜栽培学》（第二版）第 328 页马铃薯"田间管理"中指出："在马铃薯整个生长过程中，土壤适宜含水量应保持在 60%～80%。……薯块膨大期需有规律地供应足够水分，必须及时灌溉、保持土壤湿润，缺水将直接影响薯块的膨大，导致减产；不规律地供水，会引起薯块畸形和裂薯等，尤其在夏季土壤温度达 30℃ 左右时，严重干旱对高温敏感的品种会引起薯块芽的二次生长。"

该地块系开荒不久的坡地，土壤缺乏有机质，蓄水保肥能力差。在浇水不当时，很容易造成田间水分供应不良，导致薯块发育受阻。据田间取样，产量高的两个点均为 34.5 吨/公顷；而产量低的两个点只有 3 吨/公顷和 9.5 吨/公顷。产量如此悬殊说明减产的原因在于栽培管理。而且，薯块异常和种薯质量并无因果关系，更不存在马铃薯的畸形基因。据调查，在播种前后种植方对种薯并无异议。所以，马铃薯块茎异常现象与种薯质量无关。

心得小结　这是边远地区非农单位雇人种地的结果。在双方"顶牛"的情况下，我们在场不能了解供水不当的细节。离开后，通过和种植方技术人员沟通，证实了我的判断。

BA06　2016 年 2 月　农 4 师 64 团某保鲜库马铃薯腐烂案

案情摘要　本案与 AB06、CC01 是同一案件。2015 年 9 月 11 日，种植户佘某和农 4 师 64 团某保鲜库签订了租赁合同，时间为 2015 年 9 月 11 日至 2016 年 4 月 30 日，库内温度确定为 3~6℃。据介绍，从 9 月 11 日至 9 月底，她陆续将收获的马铃薯 70~75 吨（未过秤）运入该保鲜库的 15 号库内贮藏。11 月 20 日前后，又往 9 号库内存放了约 3 吨马铃薯。2016 年 1 月 17 日，佘某发现库内马铃薯等蔬菜严重腐烂于是提起诉讼。

当我们打开 15 号库门时，迎面扑来强烈的刺鼻异味。库中所有马铃薯均以网袋包装、紧靠右墙堆码，底部贴地无垫衬，最高处达 2.5 米以上，堆垛之间未留出明显的通风道。库内网袋表面的马铃薯普遍长出白毛，已严重腐烂。当我们询问为何如此堆垛马铃薯时，库方称 9 月 11 日当天曾向佘某建议请有经验的师傅前来指导，但她不愿多花费用。我们在各层的网袋中随机取出 15 个马铃薯切开，全部出现腐烂现象。其中 14 个马铃薯横切面都是靠近表皮的腐烂处颜色深，再从表面向心髓部蔓延，黑色也逐渐变淡；只有 1 个马铃薯是心髓部发黑，疑似马铃薯黑胫病症状。15 号库和 9 号库内所有马铃薯均已失去商品价值。

法院随后提供了佘某和库方陈某签订的租赁合同、冷库温度记录及 2015 年 9 月 12 日佘某关于逐步降温的补充说明。在租赁合同中，佘某要求贮藏温度定为"3~6℃"；在逐步降温的说明中，佘某还提到直接降温到贮藏温度会"出现冷害现象"等。

现场勘验时库方指出，佘某在产品入库后极少前来察看。但佘某认为，产品入库后，库方就应该保证产品长期贮藏的质量。

技术分析　贮藏温度设定过高是腐烂的首要原因。《中国蔬菜栽培学》（第二版）第 1367 页指出：马铃薯适宜贮藏温度为 2~3℃；而合同规定的贮藏温度却是"3~6℃"。合同后面还标有"注：初始温度 4℃"的文字，说明佘某要求库内温度前期按 4~6℃执行。根据佘某关于逐步降温的说明中有"出现冷害现象"的文字，说明她误将"费乌瑞它"视为炸薯片、薯条用的"大西洋"或"夏波帝"马铃薯。这类专用的马铃薯适宜贮藏温度为 10~12℃，在较低的零上低温（如 0.1~5℃）中存放，才会"出现冷害现象"。一般马铃薯在存放中并不会出现冷害现象。

马铃薯收获后直接入库非常有害。"费乌瑞它"是著名的早熟品种，和所有马铃薯一样，收获后产品必须在田间或室外晾晒一段时间；通常需 1 周或更长时间，让表皮的各种机械伤得以愈合，同时让其块茎蒸发掉一些水分并降低温度；也可在通风的场所进行"预冷"，以免入库后出现"发汗现象"，以利长期贮藏。佘某在挖了马铃薯后当天就入库，这种做法必然招致恶果。现场切开马铃薯中的黑色病斑具有"外浓内淡"的特点，表明腐烂是从表皮的伤口向心髓部蔓延的。

产品堆码不当也是腐烂的重要原因。马铃薯在网袋包装堆码时，一般不得超过 3 层。但在该库内堆放的马铃薯却高达 8 层；而且堆垛时靠墙贴地，没有留出通风的空间；堆垛之间，也没有明显的通风道。

即使将温度控制在适宜范围内，堆垛较高又不便通风的马铃薯内部很容易发热，时间久了也会腐烂。

心得小结 本案中佘某和库方均不熟悉蔬菜贮藏技术。佘某入库前未进行预冷，入库后也没有进行科学堆放和相应管理。而且，佘某设置的贮藏温度有误。库方的责任是没有提供存放产品的货架，同时也忽视了相关的风险告知。

BA07 2016 年 8 月 奇台县半截沟乡马铃薯死秧案

案情摘要 2016 年 8 月 8 日，应奇台县半截沟乡江不拉克村种植户沈某委托，我们到该村对他种植的马铃薯出现出苗差、病害重的问题进行司法鉴定。据介绍，当年 4 月沈某向吉木萨尔县某专业合作社购买了 40.4 吨"费乌瑞它"种薯。在切种薯时发现腐烂太多就向供种方提出异议。供种方负责人看后说，拌上滑石粉及杀菌剂种薯就没问题。沈某在 4 月 29 日至 5 月 3 日播种了 10.3 公顷，然而出苗差、病害重，出苗后还不断死苗。供种方虽然来看过，但未能解决问题。

现场勘验得知，该地块前茬为小麦，沙壤土，肥力中上，无盐碱危害，但地块西南砾石较多。马铃薯田间管理良好，杂草较少。我们随机取样 5 点，每点面积 6.67 米^2，挖出马铃薯块茎，登记产量及商品数量，商品率为 60.4%，折合产量仅 14.4 吨/公顷。

技术分析 经调查，该批"费乌瑞它"马铃薯，既无种薯定级标识，又无检疫手续，违背了中华人民共和国国家标准《马铃薯种薯》（GB 18133—2012）的相关规定。《中华人民共和国种子法》第四十九条第二款规定："种子种类、品种与标签标注的内容不符或者没有标签的"为假种子。现场勘验后将感病的马铃薯块茎送实验室检验，证实该批"费乌瑞它"马铃薯已普遍感染晚疫病。据《中国蔬菜栽培学》（第二版）第 329 页指出："马铃薯晚疫病 病原：*Phytophthora infestans*。各地普遍发生并严重影响产量的重要病害。病菌主要侵害叶、茎和薯块。叶片先在叶尖或叶缘生水渍状绿褐色斑点，周围具浅绿色晕圈，湿度大时病斑迅速扩大，呈褐色，并产生一圈白霉，干燥时病斑干枯。茎部或叶柄现褐色条斑。发病重时叶片萎垂，卷曲，致全株黑腐，散发出腐败气味。……病菌主要以菌丝体在薯块中越冬，播种后病菌侵染幼苗形成中心病株，病部产生的孢子囊随气流、雨水传播。"

当年北疆地区雨水较多。据奇台县气象站记录，2016 年 6 月 17—25 日 9 天中 8 天有雨，而 2015 年同期只有 1 天下雨。2016 年 7 月间有 9 天下雨，而 2015 年 7 月只下 3 次雨，并且在 7 月 12—23 日连续 12 天为晴天；而当年同期却 4 天下雨。在雨水较多的情况下，马铃薯病害较往年重。

心得小结 这是我们当年处理吉木萨尔县某专业合作社的又一起种薯质量差的案件。

BA08 2016 年 8 月 内蒙古太仆寺旗大面积马铃薯不出苗案

案情摘要 2016 年 8 月 1 日，我们受内蒙古太仆寺旗农牧业和生态保护局委托，前往该旗骆驼山镇骆驼山村，对该旗某农业机械服务专业合作社肖某投诉 66.7 公顷 "费乌瑞它" 原种和 10 公顷原原种马铃薯不出苗的原因及经济损失进行司法鉴定。

据调查，肖某在当年 3 月从甘肃某农业科技公司购买了 100 吨 "费乌瑞它" 原种及 3.7 万多粒微型薯（原原种），5 月 2—12 日播种，不料播后迟迟不出苗。在多次交涉后，供种方分别在 6 月 25 日及 7 月 20 日到现场察看，但未做处理。为此，肖某申请太仆寺旗种子管理站组织专家进行鉴定。专家们认为：整田出苗率仅占 8%。通过取样观察，95% 种薯已发芽但未能出土，田间无烂种、黄萎病及黑痣病，不出土的种薯生活力低下，但无法确定原因。

现场看到，位于骆驼山村的 66.7 公顷马铃薯为沙壤土，前茬 80% 为莜麦、20% 为胡麻，土壤结构良好，肥力中等，无砾石及盐碱危害。

挖出田间的种薯，虽能出芽，但受到明显抑制而不能出苗（彩图3）。田间杂草有野燕麦、野糜子、苦荞芽（野荞麦）及田旋花等。其中，仅有4.7公顷是相对出苗较好的地块。我们随机取了4个样点，每点面积6.67米²，测得保苗数为1 675株/亩，杂株率为3%。由于该地块仅占总面积的7%，无法单独进行浇水等管理，已失去栽培价值。

位于东河沿村10公顷微型薯种植地前茬为休闲地，土壤结构良好，肥力中等，无砾石及盐碱，5月12日人工播种，90厘米×（12～13）厘米，田间杂草有灰藜等。现场看到，田间出苗少、开花更少。随机取了5个样点，面积同上，平均出苗1 340株/亩，只有理论株数5 040株/亩的26.6%。

技术分析　此前该旗农业局在6月25日已从田间挖出不出苗的种薯送检，未查出抑芽剂残留。我们在贮藏窖中采集已发芽的种薯标本送检，同样没有检测出抑芽剂残留。我们和内蒙古、新疆及河北等地的马铃薯专家们沟通后，鉴定结论如下。

①田间土壤疏松，不存在土壤板结影响出苗的问题。②缺少检验检疫手续。从甘肃运来的马铃薯种薯，既无种薯等级标注，也没有检疫手续，违背了中华人民共和国国家标准《马铃薯种薯》（GB 18133—2012）的相关规定。未检疫及定级的马铃薯不能做种薯。③《中华人民共和国种子法》第四十九条第二款指出"种子种类、品种与标签标注的内容不符或者没有标签的"为假种子。④排除了除草剂药害。现场看到，在骆驼山村的66.7公顷的马铃薯地中杂草较多，有生长较旺的野燕麦、野糜子、野荞麦及田旋花等，不可能有除草剂药害。⑤无法排除该批种薯使用了抑芽剂。当前我国已使用氯苯胺灵（CIPC）等抑芽剂用于抑制贮藏期间马铃薯发芽。当抑芽剂粉末撒入薯堆后，覆盖24～48小时，可防止马铃薯在常温下发芽。如果微型薯堆也撒上抑芽剂或者将它们和撒药后的马铃薯存放在一起也会抑制发芽和出土。该批种薯无病害及腐烂，却有明显的抑制生长现象，无法排除是使用了抑芽剂的商品薯。

心得小结　在马铃薯种薯行情好的年份，难免有人将商品薯充当种薯。由此产生的投诉很多，但大面积发芽不出苗的却是首例。马铃薯是主要农作物之一，国家制定的相关标准可供参照。本案在多年诉讼终审后，为该合作社挽回了数百万元的经济损失。该合作社向鉴定单位、我校和本人都写了感谢信并寄送了锦旗。

BA09　2017 年 8 月　内蒙古太仆寺旗"费乌瑞它"马铃薯黑胫病案

案情摘要　2017 年 8 月 21 日，受内蒙古太仆寺旗农牧生态保护局委托，我们来到该旗地扒坑村及贡宝拉格镇，就某公司向内蒙古某种业公司购买的 100 吨原种种薯发生病害的投诉进行司法鉴定。

据调查，当年 4 月底种植方购买种薯时，曾因腐烂较多提出异议，而且没有检疫证及种薯定级的标签。该原种 5 月 3—5 日在地扒坑村播种 23.3 公顷，前茬为小麦；在贡宝拉格镇播种 10 公顷，前茬为莜麦。株行距为 21 厘米×90 厘米，理论保苗 2 620 穴/亩。6 月下旬田间发生死苗，8 月初田间出现黑胫病死秧，造成重大经济损失。太仆寺旗种子管理站曾指出，这些马铃薯因黑胫病超标不适合做种薯。

现场有较多的黑胫病植株，其基部发黑，维管束变色，腐烂的茎基部有臭味。我们在两地共取 10 个样点，每样点面积 6.67 米^2，统计保苗率及病株数，并在其中 6 个样点挖薯测产。两地保苗率分别为 79.3% 及 75.5%，病株率为 30.1% 及 26.3%，平均产量为 28.8 吨/公顷。然后，将病株及马铃薯块茎寄送南京农业大学植物保护学院鉴定。经症状观察、分离培养和分子生物学鉴定，2017 年 9 月 14 日该院做出的结论为：所有样品均为由胡萝卜软腐果胶杆菌巴西亚种（*Pectobacterium carotovorum* subsp. *brasiliensis*，*Pcb*）引起的马铃薯黑胫病。

技术分析　有关资料指出，马铃薯黑胫病菌在病薯上越冬，主要靠病薯传播，种薯带菌，土壤一般不带菌。病菌先通过切薯扩大传染，引起更多种薯发病，再经维管束或髓部进入植株，引起地上部发病。

南京农业大学植物保护学院是国内公认的研究蔬菜病害的权威学术单位。该院采用最先进的分子生物学检测手段，首次在我国发现了黑胫病新的生理小种。在估算马铃薯原种减产损失时，我们考虑了减产及种薯降级两部分的经济损失。根据马铃薯黑胫病菌主要靠种薯传播的特性，确定供种方承担75%的经济损失责任。

心得小结　在临收获时处理种薯病害问题的前提是，播种前种植方反映过质量有问题。另外，要有可靠的病理检测手段。

BA10　2017年8月　内蒙古太仆寺旗红旗镇及赤峰市大板马铃薯药害案

案情摘要　2017年8月22—23日，受内蒙古太仆寺旗农牧业和生态保护局委托，我们来到该旗红旗镇及赤峰市巴林右旗大板，对种植户杜某种植在两地马铃薯发生药害的损失进行司法鉴定。据介绍，杜某当年4月从经销商白某处购买了由浙江某化工有限公司生产的噻菌铜进行拌种，用量为30~50克/亩，马铃薯品种为"费乌瑞它"，拌种时还用了甲基硫菌灵+滑石粉，5月4—10日播种，共播种186.7公顷，两块马铃薯地前茬为莜麦及谷子，不料播后发芽不出土。在红旗镇因出苗不良重新播种了53.3公顷马铃薯及13.3公顷大白菜。

现场的灌溉方式有滴灌及喷灌，垄宽90厘米，穴距16~18厘米，马铃薯植株高度差别甚大，矮的仅有5~10厘米，高的有50~70厘米。挖开土中的种薯，其生长点的主芽受抑制，众多副芽萌发呈金针菇状，表现为出土缓慢。经过灌水施肥，后期马铃薯的植株生长旺盛，在赤峰大板的33.3公顷尤其如此。但勘验时正处于盛花期，结薯很少。

技术分析　经随机抽样，统计保苗数、观测生长及结薯情况：红旗镇平均产量11.9吨/公顷，未使用噻菌铜的为22.8吨/公顷；在赤峰市大板的产量仅3.5吨/公顷，而对照为32.6吨/公顷。

心得小结　本案并未委托鉴定马铃薯出土不良的原因。但在太仆寺旗庭审时，法院曾询问药害的原因。我们认为是违规用药，甲基硫菌灵使用时，不可与铜制剂混用早有明确规定。

BA11　2021 年 7 月　拜城县察尔齐镇马铃薯除草剂药害案

案情摘要　2021 年阿克苏地区拜城县察尔齐镇八村张某等 4 家种植户种植了 26.7 公顷马铃薯，品种有"费乌瑞它"、"希森 6 号"及"V-7"。为防除田间杂草，在当地某农资店夏某推荐下，购买了氯氟吡氧乙酸异辛酯除草剂，并在 5 月底至 6 月 20 日之间陆续进行沟中人工喷洒。不料 7 月下旬商家前来订购产品时，发现马铃薯块茎上普遍出现病变，严重影响销售。

技术分析　受以上 4 家种植户委托，2021 年 8 月 1 日我们到现场勘验。种植户的马铃薯地块土壤均为沙壤土，前茬均为玉米，当地水源丰富，采用垄作沟灌，各品种马铃薯田间长势良好，栽培管理水平较高，田间无病虫、杂草及盐碱危害。田间杂草有灰藜、龙葵、竹节蓼、野苋菜及车前等。挖出地下的马铃薯，其块茎上出现不同程度的浅红色药害斑（彩图 4）。

第一，除草剂使用错误。氯氟吡氧乙酸异辛酯是禾本科作物田间选择性内吸传导型除草剂，主要用于玉米、麦类及水稻，从未见过在双子叶作物上进行使用的介绍，也找不到该除草剂对马铃薯产生药害的报道。第二，药液太浓。该除草剂说明书上介绍的有效成分为 20%，用量为 50~70 毫升/亩，用水量 30~40 千克，换算成使用浓度为 300~400 毫克/千克。但是，种植户在手动喷雾器（水量 18 千克）中每罐用药 60 毫升，实际使用浓度高达 667 毫克/千克。这么高浓度的药液，即使在玉米上使用也会发生药害。第三，沟灌加剧了药害。在张某种植"V-7"地块的东边有几行地膜覆盖的马铃薯，其块茎上几乎没有浅红色药害斑。我们认为，覆盖地膜者杂草较少，打药也较少，地膜在沟灌时还有阻碍残留除草剂向根部传导的作用。第四，经取样测产，除草剂对产量影响不明显。第五，不能上市的马铃薯只能提取淀粉，其价值相差很大。由于距离最终收获期还有一段时间，存在着一系列不确定的因素。我们在种植户收获后，专程派人到产地，根据各户销售凭据分别核实各户实际产量并估算其经济损失。

心得小结 这是一起误用除草剂的案例，在垄作马铃薯沟内使用氯氟吡氧乙酸异辛酯除草剂后，块茎上会出现浅红色的药害斑。

第二节　B 姜

BB01　2004年1月　乌鲁木齐县七道湾乡劝阻发展生姜生产

事　由 2004年1月，我应邀在乌鲁木齐县七道湾乡"科技之冬"活动中讲课，得知当地有些菜农在参观呼图壁县某乡引种生姜成功后，决定种植生姜。当年，从南方长途运输到新疆的生姜，往往在甘肃河西走廊因铁路被山洪破坏而中断。此时市场上会出现短时间生姜紧缺，价格非常高，这引发了农户种姜的念头。对此，我进行了劝阻。

技术分析 首先，我指出北疆某地引种生姜"成功"，其实只能算是"种活了"，并没有形成产量。其次，生姜需要较长的生育期，才能形成2~3级分支。乌鲁木齐等北疆地区的生育期一般不到170天，不可能形成产量。再次，生姜苗期需要半遮阴的光照条件，而新疆的生长季节阳光强烈，日照时间特别长。最后，即使在保护地设施中种植姜，因成本较高，也难以和内地产品竞争。

心得小结 如今北方很多农业科技示范园中种植了香蕉、莲雾、火龙果等亚热带、热带的园艺作物，只能供观赏，不可能形成产业和大量商品。

BB02　2013 年 9 月　山东平度市田庄镇生姜复合肥伤苗案

案情摘要　2013 年 9 月，受山东省平度市人民法院委托，我们对 2011 年平度市店子镇种植户刘某投诉山东某公司生产的生姜复合肥追肥伤苗一案进行因果分析。某公司生产的是 25%硫酸钾通用型有机复合肥，经检验其氮、磷、钾及有机质含量达标，但 pH 值为 4.9，低于国家标准 5.5~8.0。刘某种植"大面姜"生姜 1.7 公顷，前茬为玉米及花生，2011 年 5 月 4 日前后播种，株行距为（16~17）厘米×（60~65）厘米，保苗 7 000 株左右/亩。刘某分别在 5 月底、6 月上中旬各追肥 1 次，合计追肥 1 050 千克/公顷。刘某称追肥后出现叶片发黄及干枯等受害症状，导致产量仅 18 吨/公顷，而当地平均产量为 60 吨/公顷。

技术分析　由于时过境迁，我们在法院技术室观看了当时的现场照片后来到田庄镇利家村现场。原生姜地土壤为沙壤土，结构良好，中等肥力，地表无盐碱斑块及污染物。据《中国蔬菜栽培学》（第二版）第 334 页指出："姜喜微酸性土壤，土壤酸碱度对姜的生长有明显的影响。章淑兰（1986）试验表明，在 pH 值 5~7 范围内，植株都生长较好，但 pH 值在 8 以上或 5 以下时，则植株矮小，叶片发黄，长势不旺，根茎发育不良。"据照片推断，刘某种的"大面姜"是适合密植的疏苗型品种，其植株高大，茎秆粗壮，分枝较少。我们按 16 厘米×60 厘米的株行距计算，理论密度为 6 948 株/亩。因此，每次追肥需挖小沟 1 111.7 米，平均每平方米拥有追肥沟 1.67 米、10.4 株姜。若每次追肥 20~25 千克/亩，平均每株姜只能得到 2.9~3.6 克复混肥料。

经调查，平度姜产区农田土壤的酸碱度接近中性，土壤 pH 值为 6.7 左右。被投诉的肥料为有机-无机复混型肥料，有机质占 20%以上（山东省产品质量检验研究院报告），其缓冲能力明显高于纯无机的化肥。所以，追施少量的 pH 值处于或略低于指标下限的这种复混肥料，不至于改变土壤的酸碱度，也不会给姜的植株及根系造成伤害。

心得小结　造成姜减产的原因是多方面的，任何不良的环境因素如病虫为害、缺苗死秧、姜田旱涝、管理不当及过量化肥等都会带来减产。没有证据能表明 2011 年刘某的姜田大幅度减产是由于追施复合肥引起的。此前青岛市的有关专家已做过同样结论，种植户怀疑当地专家受人为干扰，我们鉴定后才消除了疑虑。

BB03　2015 年 10 月　广西田林县误用"亮盾"进行种姜消毒案

案情摘要　2015 年 10 月 20 日，受广西田林县人民法院委托，我们对种植户周某因某农资销售部错误推荐用"亮盾"进行种姜消毒、造成姜腐烂病蔓延绝收的经济损失及各因素造成损失的程度进行司法鉴定。2015 年 2 月，周某向经销商朱某购买了 22.8 吨"大肉姜"姜种，自种 20.8 吨（7.3 公顷），另将 2 吨分给相邻的彭某种植。因姜种有少量腐烂，为预防姜腐烂病（姜瘟），周某向百色市右江区某农资销售部咨询。按该部卢某推荐使用"亮盾"浸种，不料播种后姜腐烂病蔓延，导致严重缺苗而绝收。

现场位于该县六隆镇央光村洞江屯，海拔 623 米，大部分地段为缓坡，前茬为竹林，土壤为有机质较多的熟化红壤，结构良好，未起垄整畦，后期管理粗放，田间杂草较多，个别地点有刚使用除草剂迹象。检查农药销售发票，其上留有农资销售部写下的使用方法：先把大肉姜割成小果装入筐浸泡 20 分钟后即可种植，"亮盾"每瓶用水量 80 千克。据介绍，周某在路旁挖坑，铺了塑料薄膜后加药兑水，按上述方法对种姜进行药剂浸种。种姜于 3 月 12 日播种，未施底肥，中耕时使用"钾王"进行追肥。我们在田间随机抽查 6 个样点，其保苗数仅 1 367 株/亩，产量只有 3.1 吨/公顷。

和周某相邻的彭某因取水不便，未使用药液浸种，和周某同日播种，面积 0.72 公顷。在他的姜地中取 3 个样点，保苗数为 3 370 株/亩，折合产量 36.9 吨/公顷，当天该地市场批发价 1.6 元/千克。周某的姜地平均保苗数比彭某少了 2 003 株/亩，其产量只及彭某的 8.34%。

经销商朱某称，他提供的姜种有 4%~5% 腐烂率，属正常现象，但他未经检疫，也没有任何检疫文件。

技术分析　经勘验，导致周某种姜严重减产的主要原因是该姜地全面发生严重的姜腐烂病和青枯病。这和 7 月 28 日田林县农业局安排县农技站、种子站及植保站等单位调查的结论是一致的。

《中国蔬菜栽培学》（第二版）第 341 页指出："腐烂病　病原 *P. solanacearum*，又称姜瘟或青枯病，是姜生产中最常见的细菌病害，且具毁灭性。根茎上病斑初呈水渍状，黄褐色，后逐渐软化腐败，仅留表皮。挤压病部可渗出污白色有恶臭的菌脓。根部也可受害。病叶萎蔫卷缩，下垂，由黄变褐，最后全株枯死。带菌种姜是主要初侵染源。病姜栽植后，最初在田间零星发病，通过风、雨水、灌溉水、地下害虫接触传播。一般 8—9 月为发病盛期……高温闷热、多降雨天气该病迅速蔓延。"据田林县农业局资料介绍，当年该地区 6—7 月晴雨天气交替频繁，造成的高温高湿气候更有利于发病。

"亮盾"（咯菌腈、精甲霜灵）是由两种具不同机制的杀菌剂混配而成的农药。其中的咯菌腈可防治由高等真菌（如镰刀菌、立枯丝核菌）引起的苗期病害，而精甲霜灵能透过种皮，随种子萌发和幼苗生长内吸传导到植株的各个部位，防治由低等真菌（如腐霉菌、疫霉菌）引起的多种土传病害。主要用于防治水稻恶苗病、大豆根腐病及进行种子包衣处理。姜腐烂病（姜瘟）是细菌性病害，而百色市某农资销售部推荐使用"亮盾"来为姜浸种显然是误将"亮盾"当作高效的广谱杀菌剂来应用。

《中国蔬菜栽培学》（第二版）第 338 页在介绍姜"栽培技术"时，强调"应选择姜块肥大、丰满，皮色光亮，肉质新鲜，不干缩，不腐烂，未受冻，质地硬，无病虫害的健康姜块作种"，并没有指出种姜需要药物消毒或拌种。周某的姜地属偏僻山区，前茬为竹林的土壤中不可能带有姜腐烂病菌。然而，经销商朱某向周某提供的繁殖材料是商品姜，并非生产用的种姜。他明知商品姜上有"4%～5%腐烂"，这是姜腐烂病的传染源，但他未经检疫，却当作种姜出售，应承担传播姜腐烂病病源的责任。百色市右江区某农资销售部推荐种植户使用"亮盾"进行姜种浸种消毒，实际上是给姜种进行了全面的病菌接种。因为姜种掰姜后，产生了大量新的创口，浸种无异于给健康的姜种也接种了姜腐烂病菌。

如何分解以上三方的责任呢？首先，周某明知姜种有部分腐烂，不但未拒收，反而向并非农业科技人员的百色市右江区某农资销售部售货员咨询。此举犹如患者生了病不是去看医生，而是向药店营业员请教如何买药治病一样。由此铸成大错，个人应承担10%的损失责任。其次，经销商朱某将未经检疫的商品姜当作种姜出售，给7.3公顷生姜带来了姜腐烂病的病源，致使该地块4年内不能种姜。按我国《植物检疫条例实施细则》（2007年11月修正）第二十五条规定，未经检疫"擅自调运植物、植物产品……引起疫情扩散造成损失的，植物检疫机构可以责令其赔偿损失"。所以，朱某应负45%责任。最后，百色市右江区某农资销售部不了解农药性能，误将只能消毒真菌的"亮盾"当作高效广谱杀菌剂，并提供了具体的浸种方案，给周某造成了毁灭性的损失，也应承担45%的责任。

心得小结 这是一起牵涉三方责任的案件，庭审时本人曾到广西出庭质证，最终法院采纳了我们的责任划分。

BB04 2021年8月 呼图壁县五工台镇生姜草甘膦药害案

案情摘要 2021年8月中旬，呼图壁县五工台镇种植户钮某因相邻种植户张某在棉花上使用草甘膦除草剂，导致他种植的小棚生姜等作物发生药害，特请求进行损失鉴定。

钮某于 4 月 17 日播种农贸市场上买来的生姜（品种不详），播前先在播种沟中喷洒多菌灵药液，然后将生姜掰种后蘸草木灰进行人工播种，播种量为 747 千克/亩，株行距为 20 厘米×70 厘米，面积 0.18 公顷。播种后用 2.2 米宽的塑料薄膜进行小拱棚覆盖（两沟）。5 月中旬生姜出苗后，在田间立支柱、拉铁丝，张挂黑色遮阳网。当姜苗 20 厘米高时，开始逐渐揭膜通风，不料 8 月 10 日出现草甘膦药害。现场勘验时看到，受害的生姜植株上叶片普遍发黄、叶尖干枯，部分叶片扭曲，但茎秆未发生病变。挖开地下的根茎，其种姜完好，嫩姜未见异常。

技术分析　经勘验，生姜受到的药害只限于叶片部位，茎秆及地下部分未见药害症状，总体药害属于轻度至中度之间。相邻的棉花种植户表示愿承担责任。

心得小结　通过这起投诉得知，随着全球气候变暖，在新疆北疆使用保护地设施仍有种生姜的可能，至于是否能发展成为生产嫩姜的产业，还有待实践证实。

第三节　C 山　药

山药又名薯蓣等，是薯蓣科、薯蓣属植物中能形成地下肉质块茎的栽培种。山药原产热带，在我国栽培已有 2 500 多年的历史，全国南北普遍有栽培。山药的块茎营养丰富，是一种很好的保健食品。

BC01　2012 年 5 月　五家渠市军区后勤部农场山药烂种案

案情摘要　2012 年 5 月下旬，受五家渠市城区工商局委托，我们对承包户孟某等人因假药引起山药烂种一案进行司法鉴定。孟某等人从当地某农业发展公司购买了由南京市某公司生产的多菌灵194包、对7.09公顷山药种薯进行拌种。不料5月初发现烂种现象。经送检后发现，该批药物竟然没有多菌灵成分，完全是假药。孟某等要求经销商赔付山药烂种损失200万元。

6月11日，《新疆都市报》A10版爆出《86.4亩山药种子烂在地里》（记者杨某）整版重大新闻。其中，承包户孟某称："山药属块茎育苗，直接埋入土中会使块茎受病毒侵害、烂根，长不出苗子，施用'多菌灵'就能避免病毒侵害烂根现象。"并说"扒开埋在地里的山药块茎都腐烂了。"此后，乌鲁木齐市电视台也连续播出有关该案的新闻报道。

新疆农林司法鉴定所于5月23日派人到现场察看，因山药正在出苗中，只进行了初步调查。此次发现，投诉面积减少了1.33公顷。6月15日，该所又派出第二批鉴定人到农6师101团8连及103团6连了解当年山药种植情况。6月19日，鉴定所派出第三批鉴定人员5人到现场勘验。本人参加了后两次的勘验。

据农药经销商蒋某称，该批假药是在自治区举办的农业博览会上和农药生产厂家签订合同后买来的。后来该厂家就联系不上了，所以她也是受害者。现场看到，已出苗的山药普遍长到1米以上，并非都腐烂了。我们指出，有关蔬菜学专著并没有把药物拌种列为栽培措施。山药种薯只要符合质量要求，只需晒种而不必药物拌种。孟某听后不服，坚持说种薯不拌种就会腐烂和绝收。鉴定人员检查了承包户孟某、陈某、王某、郑某、赵某及任某6家的山药地，还察看了同一块田种植的、已退出投诉的承包户李某的山药地。

不料，孟某组织承包户及家属10余人，围攻鉴定人员和工商局干部，并在车辆出口处集体下跪1个多小时。后经工商局干部报警，当地派出所前来调解，留下我们调查的复印件后才放行。据此，农林司法鉴定所提出中止该项司法鉴定。

技术分析 调查中看到，同样是假药拌种，同一块田中李某（已退出投诉）的山药生长良好。103团6连有两家种植户也用了该批假药拌种，同样生长良好。由此说明，假药和烂种并无直接联系，而烂种是种薯质量不良造成的。在 6 家承包户中，3 家是购买孟某的种薯，共种植 2.17 公顷。播种前他们已看到有很多山药受冻和腐烂。所谓"种薯"，其实是孟某前一年未卖出的山药产品。由于 2011 年秋季山药行情不佳，孟某将未卖出的山药放在房屋内贮藏，以煤炉加温。由于室内温度不匀，难免近烤远冻；而李某的种薯是贮藏在保鲜库内。因此，药物拌种只是一项附加措施，孟某以此掩盖其种薯受冻引起的腐烂并索要巨额赔付属无理要求。而且，我们认为即使拌种的药物合格，质量差的种薯也会烂种。

心得小结　这是一起影响较大的山药烂种案，其实质是种薯质量太差。经勘验，并未发现假农药和烂种有因果关系。

第三章
葱蒜类
——
（代号 C）

第一节　A 韭　菜

韭菜原产我国，在我国已有 3 000多年的栽培历史。韭菜以嫩叶（含黄化叶）、柔嫩花茎、花和根为产品。由于韭菜具有独特的辛香味，可增进食欲，并有一定的药用价值，因而在全国各地广为栽培。韭菜的根系随着植株分蘖，生根的位置和根系在根茎上不断上移，形成特有的"跳根"现象，具有多年生的能力。韭菜种子盾形，和其他葱蒜类种子一样寿命较短。在生产中，韭菜种子使用寿命为一年，在干燥的西北地区可使用 2~3 年。

CA01　1982 年 2 月　乌鲁木齐县安宁渠八段村判断韭菜温室残留煤气

案情摘要　1982 年 2 月，乌鲁木齐县安宁渠八段村种植户张某神情沮丧地前来找我。他种的温室韭菜因煤气中毒，头茬产品已绝收。当时该地曾多次发生温室煤气中毒事故。张某因妻子刚分娩，夜间到温室加煤后就快速回家，幸免于煤气中毒。虽然他的温室进行了通风，但是否还有残留的煤气？应如何检测和善后呢？

技术分析　张某是我参加培训的生产队蔬菜技术员，我首先庆幸他逃脱了危险的中毒事故。他种植的温室头茬韭菜，受煤气中毒后叶片如同开水烫过一样。我建议他待受害的韭叶变干后将其割去，然后加强管理，争取第二茬韭菜早日收获。

所谓煤气，是指煤炭在缺氧情况下燃烧产生的无色无味的一氧化碳气体。在没有仪器的情况下，只能间接进行检测。我必须提及一件往事：1961年早春，我在北京农业大学试验场温室实习时，夜间就住在管理间中。当年北京人取暖是将煤球烧红的煤炉提到室内进行"明火加温"。为防止煤气伤人，每间房子墙上都设有一个小气窗。值班的那天夜晚，我们给所有温室加完煤后躺下就要睡。我发现室内小气窗有问题，煤炉的火焰细长而幽蓝，便立即提出是否有煤气。另外两位北方同学看了一眼都说没事，倒头就睡了。我躺下后想起中学化学课本中有煤矿瓦斯灯的图片，其细长的火焰和眼前的情景很相像，为此我久久未能入睡，随后还起夜小解。次日清晨接班的同学到达时，发现我们都中毒了。我听到敲门声后，挣扎坐起来感到胸闷心慌。接班的同学和农场工人将我们救出送往校医院，所幸并无大碍。5天后，园艺系大楼内值班的老纪师傅因在较冷的室内用煤炉加温中毒身亡。事后医生说，我的警惕性在很大程度上救了我们3个年轻人，因为起夜要开门和关门，实际上为小管理间进行了一定的空气交换。

根据亲身煤气中毒的经历，我建议用蜡烛来检测：首先在室外燃点蜡烛，看清其火焰的形状，然后到需要检测的温室内看看蜡烛的火焰是否有较大的变化。如火焰变细长而幽蓝色，同时伴有胸闷心慌等症状，应立即离开温室继续通风，直到室内蜡烛的火焰和室外完全一致为止。

心得小结　本人做过一系列有关温室蔬菜栽培的技术培训，都无一例外地进行安全教育。我以亲身的感受，明确交代要预防杀人不见血的煤气中毒。至今为止，凡是我讲过课的地方，都没有再发生温室煤气中毒事故。用蜡烛火焰来检测是否有煤气也是可行的。

CA02　2017 年 8 月　宁夏灵武市郝家桥镇温室韭菜误判休眠案

案情摘要　2017 年 8 月 17 日，我们受宁夏银川市中级人民法院委托，对灵武市郝家桥镇杨某琴等 41 户投诉的"中华韭王"种子是否存在缺陷，种子与韭菜异常生长之间有无因果关系，以及对韭菜深休眠的经济损失进行司法鉴定。

2015 年底，灵武市郊郝家桥镇上滩村及兴旺村 41 家农户购买了郑州某种业公司出品的"中华韭王"种子。2016 年经播种、育苗、定植后生长良好。不料秋后在割老叶、扣棚膜后生长迟缓造成绝收。2016 年 11 月 20 日，灵武市农业局组织专家鉴定，确定"中华韭王"为根茎休眠品种，认为当年秋季气温较高，因管理温度过高而未能完全通过休眠阶段。农户们按专家的意见放下卷帘 10~20 天并揭起薄膜降温均无效果。由于认为该品种处于"深休眠"而全被挖除。2017 年 8 月 17 日，当我们到现场勘验时，仅留下马某和杨某的少量韭菜植株。

马某温室留下的 2 米宽韭菜，正处于抽薹开花盛期。当地温室均为 9 米宽、2.5 米高的制式温室，长度不等，设有卷帘机械。据马某介绍，他是 2015 年 12 月底将"中华韭王"种子在温室内播种育苗，每 9 米² 播 1 罐 200 克的种子。5 月中旬按 10 厘米×25 厘米的株行距定植，前期生长良好。马某说 10 月 20 日扣棚膜后韭菜一直不长，而正常韭菜在扣棚割老叶后 20 天左右即可收获第一刀韭菜，天气转冷后在温室中 30 天后可收割第二刀韭菜，再经过 40 天还可收割第三刀韭菜，一般产量 7 500 千克/亩。

针对专家鉴定报告中提到，有 2 家农户"9 月中旬韭菜枯黄"，马某说灵武地区露地韭菜的地上部分是在 12 月初开始干枯。他温室中的韭菜在 9 月中旬不可能干枯。杨某的韭菜温室有两座，一座种"中华韭王"的因绝收已全部挖除。留下的另一座温室中，占地 1/4 的东面种植"中华韭王"，占 3/4 的西面种植"农大阳光"。两者生长均良好，但杨某之妻白某称，她是 2016 年 1 月播种育苗，5 月中旬定植。西面的"农大阳光"收割了 4 刀，而东面的"中华韭王"一直不长，至今绝收。现场看到，除了"中华韭王"叶色较深之外，看不出两者生长上的差异。

最后，我们来到农业局执法大队察看了 2016 年 11 月 20 日专家鉴定时的照片，证实温室中的韭菜确实生长不良。经调查，"中华韭王"不存在发芽率、净度、纯度及水分等种子质量问题，未发现品种缺陷，而且 2016 年在灵武地区深秋之前生长良好。经销商白某说，他在当地销售该品种是第 4 年，前 3 年的表现一直良好。

技术分析　《中国蔬菜栽培学》（第二版）第 379 页指出，韭菜是在冬季月均温低于 2℃、气温−7～−6℃才出现地上部分叶片干枯、养分回流，贮藏到叶鞘基部，植株进入休眠状态。而灵武地区露地韭菜是 12 月初才开始干枯的，我们认为温室韭菜不可能存在休眠现象。因为温室内不会出现低于 2℃ 的月均温度。经询问，当地专家认为"中华韭王""尚未通过休眠阶段"的依据只是看到农户温室外有清除的老韭菜叶，由此确定天气转凉韭菜就休眠了。其鉴定报告称，扣棚后温度过高，使韭菜没能完全通过休眠阶段。为此，专家们建议放下卷帘（回帘），降低室内温度。马某说农户们回帘了 10～20 天，有的还将棚膜卷起到中部，但都不起作用。由此说明该鉴定有误，提出的措施无助于解决问题，反而导致农户将大量温室韭菜挖掉。

我们认为，所谓天气转凉韭菜就休眠的结论没有任何科学依据。至于对韭菜品种休眠的分类（根茎休眠和假茎休眠）只是个别学者的意见，并未得到国内学术界认可。鉴定报告也没有提到是如何鉴别"中华韭王"属于"根茎休眠品种"的。《中国蔬菜栽培学》（第二版）、《中国农业百科全书·蔬菜卷》及全国高等农业院校统编教材《蔬菜栽培学》（北方本）等我国公认的 3 部蔬菜学权威专著中均没有这种说法。

为了避免灵武市有关部门认为，我们和当地专家对韭菜休眠的不同看法属于各持己见的学术之争，我们请教了中国农业大学、中国农业科学院蔬菜花卉研究所及北京农学院 3 位知名蔬菜学专家。他们都认为，韭菜生长在温室内是不会休眠的。

由于本案涉案人员甚多（还有一批农户准备在我们鉴定韭菜休眠后再上诉）、影响面大，为慎重起见我们又向国内研究韭菜最多的河南农业大学张绍文教授和山东农业大学卢育华教授请教。张教授专门研究韭菜的休眠现象，卢教授是《中国蔬菜栽培学》（第二版）中韭菜部分的作者，还出版过韭菜专著。卢教授认为韭菜只要生长着就不存在休眠现象，而且在任何时期割去叶片都会再生。两位韭菜专家均认为，前期生长良好的韭菜若在温室栽培中出现绝收现象，必定和不良环境因素有关。

2016 年 10 月上旬至 11 月中旬，是当地温室韭菜营养生长后期、种植户割老叶、扣棚和专家到场鉴定的时间段。根据气象记录，灵武市 2016 年 10 月上中下旬、11 月上中旬的气温比 2015 年同期分别提高了 3.15℃、2.66℃、1.56℃、1.50℃及 0.45℃。2016 年 10 月平均温度 12.25℃，比 2015 年同期 9.97℃升高了 2.28℃，其增高幅度是相当大的，这种异常气候必定对韭菜生长有较大的影响。但将温室韭菜再生能力弱定性为某品种"休眠"是没有科学依据的。

当我们做出温室韭菜不可能休眠的鉴定意见后，种植户们均不接受。他们要求我秋后再到现场鉴定"不生长的""中华韭王"。当年 11 月 30 日，我再次到了灵武市郝家湾，在县法院干警陪同下，再次勘验马某和杨某的温室韭菜。意想不到的是，8 月间自称马某的种植户并签名留电话的人，居然是当地的经销商并承包 18 座温室的王某。他是这起诉讼案的组织者，其冒名顶替肯定是要达到某种目的。

马某（实为王某）温室中留下 2 米宽的"中华韭王"此时叶片干枯，心叶死亡，显然是非自然因素所为。而种有两个品种的杨某的温室中，"中华韭王"植株也干枯了。我将两个品种的韭菜根部挖起，韭菜特有的分蘖和跳根的痕迹都十分清晰，"绝收"的品种和收获 4 刀的品种根部没有任何差别。当我询问杨某"中华韭王"割了几刀时，他说扣棚时割了 1 刀，老是不长后又割了 1 刀来刺激生长。显然后面是致命的 1 刀，我问是谁出的主意，他说是专家出的。此话不可信，因为专家们都在银川市。

当时韭菜尚未扣棚膜，我却提前看到了 12 月初才开始干枯的韭菜。而且，要看的现场多了杨某琴、吴某及马某 3 家。杨某琴还是本案的首位诉讼人，8 月我们来勘验时她并没有在现场。在法院组织的听证会上，我说我无法解释现场韭菜不长的原因。临别时，县农业执法大队李队长说，当年当地有 4 个韭菜品种都发生了"休眠问题"。宁夏经销商白某说，当年温度较高，韭菜生长势旺，农户大量买矮壮素，有的喷太多了还买赤霉素来促进生长。看来，当地专家就误以为是休眠了。

心得小结　纠缠几个月的韭菜休眠案终于告一个段落了。年长的同行朋友应该记得，1984 年春季银川市郊发生了"中甘 11 号"早甘蓝包心异常的群体性事件，菜农们两次砸了销售种子的农资服务部。起因就是当地专家误判甘蓝种子质量有问题。后经北京专家们核查后指出，甘蓝是绿体春化型作物，包心异常的原因是因为早甘蓝幼苗感受了低温而完成春化作用。当年《黄河商报》记者详细报道了该事件的始末。最后记者挖苦道："看来，光有高级职称而没有相应的学识是不行的。"几十年来，我一直将这句话作为警句来指导每一起投诉案件的技术鉴定。

第二节　B 洋　葱

洋葱俗名圆葱，原产于伊朗山区，20 世纪初传入我国，各地皆有栽培。在长期栽培过程中，本是长日照的洋葱还形成了短日照和中日照品种。新疆是我国白皮洋葱的主要产区，有相当数量的洋葱是作为加工原料生产的。洋葱属于绿体春化型作物，在大陆性气候的新疆，经常会发生因春化作用引发的先期抽薹现象和不完全春化引起的幼苗基部开杈、"大脖子"及鳞茎分蘖现象。所以，洋葱也是种子质量投诉的多发作物。

CB01　1989 年 9 月　甘肃酒泉引种新疆白皮洋葱生长不良案

案情摘要　1989 年 9 月，应酒泉市学生李某请求，我到该市东洞乡检查引种新疆白皮洋葱生长不良的原因。当年甘肃河西走廊普遍建立洋葱加工厂生产出口的脱水洋葱。而且都使用黄皮洋葱进行加工，但是国际市场上白皮洋葱的脱水产品每吨比黄皮洋葱高出 700 美元左右。李某毕业后回到酒泉市工作，1989 年春季专程来新疆引种白皮洋葱。我们蔬菜教研室协助他做了联络和托运种子的工作。不料，6 月间传来"洋葱种出大葱"的消息，令人惊愕不已。我在蔬菜栽培学教学中，要求学生应注意洋葱和大葱种子之间的细微差别。本教研室协助托运的每袋洋葱种子，我都亲自用取样器上下检查过。李某听到他引种的白皮洋葱种出大葱后，吓得都不敢下地。当我到酒泉后，立即找到东洞乡乡长并下地观看。当我们走到离洋葱地还有百米距离时，我清楚地看到前方一片蓝灰色，肯定是洋葱植株无疑。因为，洋葱叶子表面的蜡粉层较厚。

现场的新疆白皮洋葱鳞茎普遍生长不良，很多鳞茎出现一分为二的分蘖现象（俗称"双胞胎"），有的甚至分蘖成 4 个小鳞茎。还有个别洋葱出现抽薹。然而，田间并未发现杂色洋葱。

技术分析　在勘验中，我们首先肯定了白皮洋葱没有种子质量上的问题。个别洋葱出现抽薹现象，说明当地出现过异常的低温天气。洋葱是绿体春化型作物，当幼苗长到一定大小后（假茎粗 0.8 厘米），就会感受低温的影响，为抽薹开花做准备。我向乡长询问当年农业生产情况。他说春季在小麦抽穗扬花期间，遭到寒流侵袭影响了收成。我想，这场寒流也为洋葱幼苗提供了春化或不完全春化作用的低温环境。当年，全国仅新疆种白皮洋葱，由此说明白皮洋葱的适应性不及红、黄皮色的品种强。

心得小结　这是我首次到内地处理种子质量投诉。当听说洋葱种出大葱后，我首先相信自己眼睛不会出错。一到现场就证实了我的判断。当乡长听了我对洋葱特性的介绍，特别是绿体春化的道理后，他睁大眼睛说："没想到种个洋葱还有这么大的学问！"

CB02　1989年10月　呼图壁县普遍发生白皮洋葱分蘖案

案情摘要　1989年10月上旬，应呼图壁县农业局邀请，我们对当年该县白皮洋葱普遍鳞茎生长不良进行实地检查。在五工台乡的多处洋葱地中，我们都看到鳞茎普遍发生分蘖，俗称"双胞胎"，而且难以找到一个正常的洋葱鳞茎。个别鳞茎甚至分蘖成4个。在密度过大的地块中，还形成"大脖子"鳞茎。

技术分析　洋葱是绿体春化型作物，当茎粗（假茎）长到0.8厘米以上时，才能感受2~5℃的低温，在60~120天完成春化。我们常见的是不完全春化引起的鳞茎异常。当年新疆的北疆地区在6月中旬有过强冷空气入侵，因此洋葱鳞茎普遍发生分蘖现象。这次我们到呼图壁之前，刚接待了台湾从事果蔬加工的陈教授。座谈中我谈起新疆的白皮洋葱，她希望我提供一个样品给她看。吃饭时我到学校食堂要了个白皮洋葱，在一大堆数百个洋葱中，好不容易才找到一个没有分蘖的洋葱鳞茎。

心得小结　迄今为止，在我国有关蔬菜学专著中，还没有对洋葱不完全春化现象有过叙述。我们在处理新疆的早甘蓝、球茎甘蓝及胡萝卜等投诉案例中，都遇到一系列此类案例。衷心希望今后的蔬菜学专著中能将这部分内容补充进去。

CB03　1996年9月　精河县五交化公司出口不合格洋葱种子案

案情摘要　1996年9月，精河县五交化公司负责人来我教研室，请求分析该公司出口哈萨克斯坦洋葱种子不合格的原因。该公司在外贸工作中根据哈方的要求，1994年早春从新疆某大型种业公司处购买了12吨红皮洋葱种子出口哈萨克斯坦。后经哈方检验，种子发芽率不达标均被退回。由于缺乏经验，该公司未及时就种子质量问题和种业公司交涉，错过了复议种子质量的时间，造成了巨大的经济损失。

当时我们对取样的洋葱种子进行了发芽率检验。在12吨洋葱种子中，仅有1.2吨种子的样品还有70%发芽率，其余都不发芽。

技术分析　根据发芽率检测，精河县买来的洋葱种子绝大部分都是失去发芽力的陈旧种子，其中仅有1/10是发芽率合格的种子。据悉，同期新疆水利部门某开发公司也进行了同样的外贸业务，出口了30吨红皮洋葱种子到哈萨克斯坦，同样因发芽率不合格被退回，致使该公司倒闭。

按规定，洋葱种子的使用年限仅有一年。但在气候干燥的新疆，发芽力保持得较久，其使用寿命可延长1年。因此，一般种业公司都不会库存洋葱种子。当年新疆某种业公司能从甘肃买来大量的洋葱种子，其原因是前一年该省没有生产和出口脱水洋葱产品，留下大量种子。幸亏种子发芽率不合格，否则哈方种出来的洋葱应该全是黄皮洋葱，还会引发跨国诉讼案件。甘肃生产的脱水洋葱都是以黄皮洋葱为原料，红皮洋葱不适合加工脱水产品。

心得小结　非专业人员不了解洋葱的品种特点。非农单位进行蔬菜种子出口业务更是充满风险。两者都是不熟悉业务的人员，他们联手从事商贸活动，其结果可想而知。

CB04　1999年2月　伊宁市花果山红皮洋葱鳞茎生长异常案

案情摘要　1999年2月，受兵团农4师农科所委托，我们来到伊宁市哈尔墩乡花果山村，对种植户赵某的红皮洋葱发生鳞茎异常情况进行现场勘验。种植户赵某从农4师农科所购买了一批山东红皮洋葱种子，1998年4月21日播种了0.53公顷，不料秋后绝大部分洋葱没有形成鳞茎，个别鳞茎甚至发生分叉。赵某投诉种子质量有问题，伊宁市工商局曾组织伊犁农校专业教师前来勘验，认为是栽培问题，并非种子质量问题。赵不服，遂向上一级投诉。自治州工商管理部门组织伊犁地区5名专家进行鉴定，认为种子有质量问题（其中杨某1人保留意见）。但供种方不服，因为该所为检验发芽率进行试种后，这些幼苗被所内宋某等人拿回自家庭院种植，效果均良好。于是该所向伊犁州种子管理站申请复议，并邀请我和乌鲁木齐市蔬菜所葛副所长一道参加。

花果山村洋葱地地处半丘陵地带，地势偏高，土壤为蓄水保肥能力较差的沙壤，有机质较少。当年夏季气温较高，田间缺水，因栽培管理不到位，洋葱植株生长量普遍较小。

技术分析　首先，该批红皮洋葱种子没有发芽率、纯度及净度等种子质量上的问题。其次，当年该所少量播种后的幼苗，被很多人拿去种植，都能形成完好的鳞茎产品。其三，销售给其他种植户的该批种子并未发生问题。于是，我们首先向当地鉴定专家讨教，倾听他们为何认定种子质量有问题。鉴定中保留个人意见的杨某是我校种子专业毕业的年轻校友，也是我的学生。她不顾人微言轻，坚持科学原则，这种精神令人钦佩。其余3位专家都陆续接受了我们俩的分析意见，只有一位举着一株鳞茎分叉的洋葱坚持己见提前退了场。

心得小结　最终，伊犁州种子管理部门做出不存在种子质量问题的结论。复议时经商的赵某并未到会，葛副所长对到场的年轻老板娘说："希望这件事你处理得和你一样漂亮！"她的这句话非常精辟！

CB05　1999年6月上旬　成功预报北疆秋后洋葱鳞茎生长异常

事　由　1999年6月上旬，新疆农业厅园艺特产处和乌鲁木齐市蔬菜所联合举办蔬菜学习班。我担负了一些讲课任务。开班时正值6

月上旬，气温较往年高，当时很多女学员都穿连衣裙，教室里五彩缤纷。不料中旬我再来上课时气温骤降，几位学员因带的衣服少还感冒了。此时，我在讲课中大胆预报：当年秋后北疆将有一批洋葱种子的投诉案件，具体表现是鳞茎分蘖开权及鳞茎不膨大的"大脖子"，山区还可能出现少量抽薹植株。我还指出，案发的地点多在山区、低洼地，特别是新种植户田间。

果然，当年9—10月我连续处理了呼图壁县、昌吉市及沙湾县等地多起洋葱种子质量投诉案件，鳞茎异常率一般在1/3以上。呼图壁县山区的洋葱种植户普遍发生鳞茎异常现象，例如，石梯子乡阿苇滩村1队马某洋葱地中鳞茎分蘖开权率达35%。沙湾县山区的种植户及平原的新种植户，都发生了因洋葱鳞茎异常的投诉案件。而昌吉市的投诉则发生在低洼地，例如，滨湖乡五十户1队孙某的洋葱地鳞茎分蘖及开权率高达44%。

技术分析　洋葱是典型的绿体春化型作物，北疆各地在3月底、4月初露地播种。正常年份5月下旬直播的洋葱幼苗，其直径已普遍长到0.5厘米以上。如6月上旬气温较高，一些幼苗就可能长到0.8厘米的茎粗。这是开始感受低温影响的植株大小。如此时出现剧烈降温，冷空气就会使茎粗达到临界绿体春化标准的洋葱苗产生不完全的春化作用，出现鳞茎开权现象，个别植株还会抽薹和开花。山区地势较高，冷空气入侵时气温更低；低洼处适于冷空气聚集，而新种植户因缺乏经验，常用大水大肥催苗快长，较大的洋葱苗在剧烈降温后更容易感受低温的影响。当年秋后发生鳞茎异常的洋葱品种，既有本地的白皮洋葱，也有外地的红皮洋葱及进口品种。

根据1999年沙湾县的气象记录，6月上旬气温比历年平均值高2.6℃，而下旬却比历年低2.9℃。这种气温的大幅度先升后降，是当年北疆大量洋葱鳞茎生长不良的原因。

心得小结　沙湾县当年计划种植2 667公顷白皮洋葱供加工脱水洋葱产品出口。因缺乏种子，临时从南疆多地收集的大量种子都是已失去发芽力的陈旧种子，导致70%以上的洋葱地严重缺苗而改种晚春作物。剩下的 87 公顷洋葱又遇到异常气候，没有形成可供加工的洋葱产品。可见，任何农业技术开发工作，都必须有扎实的前期准备作为基础。

CB06　2007 年 10 月　奇台县假冒美国进口洋葱种子案

案情摘要　2007 年 10 月 10 日，受奇台县种子管理站委托，昌吉州种子质量检验中心组织我们到该县奇台农场园艺场、一队及二队，对众多种植户投诉昌吉某农业发展公司销售的美国"天雪"白皮洋葱杂交一代种子在种植中出现的鳞茎异常进行司法鉴定。此前 9 月 5 日及 20 日，我们已分别对该县老奇台镇牛王宫村及坎尔孜乡使用同一种子的种植户齐某、李某、赵某及马某等人的洋葱地进行过两次勘验。这是该批被投诉种子的第 3 次现场勘验。

据介绍，奇台县引进美国白皮洋葱杂交一代种子后表现突出，田间洋葱鳞茎整齐一致，最高产量可达 120 吨/公顷以上。可是在现场，我们抽查了种植户詹某、马某、张某及赵某等户的洋葱地。我们看到，田间的洋葱植株无主体性状：鳞茎有扁圆形、近圆球形、长圆形和纺锤形等多种形状；其皮色除了白皮之外，还有红皮及黄皮鳞茎，不少白皮洋葱鳞茎上有紫红色花斑及鳞茎分叉等异常现象。

技术分析　现场种植户提供的种子易拉罐，其质地较粗糙，不同于美国的洋葱种子罐。其上有 8 点造假疑点：①罐上的贴纸称该种子系美国 HUVHAL 公司生产，但没有该公司的标识，英文拼写也有错误；②洋葱照片下的英文名称有误，其中 Trmt 一词无元音；③条形码下没有数字码；④无种子生产日期；⑤经营许可证无审核标志；⑥标注的美国种业公司无城市名称及地址；⑦种子检验栏目中无具体日期；⑧国内总经销单位"辽宁天雪种业有限公司"及地址"沈阳市栏杆路 1189 号"均为虚构。综上所述，这是文化不高者的低劣造假行为，也是新疆罕见的重大进口种子造假案件。

心得小结　本案经技术鉴定后，造假集团中 5 人受到法办。在 3 次现场勘验时，供种方均避而不见，无法得知造假细节。当时我曾怀疑美国进口的杂交一代洋葱是双交种。20 世纪 60 年代，新疆普遍使用苏联的"维尔 156"玉米双交种。当年有人曾将杂种二代进行播种，却未发生性状分离现象。该案发生 10 年后，我的怀疑得到证实，即造假人误以为进口洋葱是常规种。当他们看到杂交二代没有明显分离现象后，继续繁殖将杂交三代种子卖给了种植户。

CB07　2007 年 10 月　奇台县美国白皮洋葱超小鳞茎案

案情摘要　2007 年 10 月 18 日，昌吉州种子管理站组织我们到奇台县，对种植户张某种植美国"富雪"洋葱形成超小鳞茎的原因进行技术鉴定。张某购买了原装的美国进口洋葱种子，这是出国人员带回的，并非正规的进口种子。因种子袋上无中文标识，就推测是"富雪"。该种子 3 月初在日光温室中育苗，4 月中旬按正常季节定植后植株生长良好，不料秋后却不能形成正常鳞茎。现场看到，进入 10 月中旬的洋葱植株只形成直径 3.5~4 厘米的超小鳞茎，属于绝收。

技术分析　洋葱原产于伊朗山区，属于长日照作物。但在长期栽培之后，国外已选育出短日照及中日照的品种。但是，种子袋上的英文说明并未标注日照类型。只是在提到栽培季节时，列举了美国加利福尼亚及得克萨斯两州的适宜播种期。这两个州都在美国南部，由此表明这是美国南方栽培的短日照洋葱品种。将它们在长日照条件下的新疆栽培，其鳞茎小的可以穿过大衣的扣眼。有人将该品种推测为"富雪"也是错误的（参见 CB09）。

心得小结　当年美国杂交一代洋葱引入新疆时，因产量特高而备受青睐。人们以为美国洋葱都适合在新疆种植，殊不知还有短日照类型的南方洋葱品种。

CB08　2011 年 8 月　吉木萨尔县大有乡洋葱鳞茎异常案

案情摘要　2011 年 8 月，应吉木萨尔县种子管理站邀请，昌吉州农产品检验监测中心组织我们对该县大有乡杨某投诉的"红皮洋葱"种子进行现场勘验。该批种子 270 千克，是杨某从山东金乡县购买的散装种子，当年 6 月 10 日机播了 8 公顷，底肥为 300 千克/公顷磷酸二铵，6 月 15 日以来已经浇水 4 次。不料当洋葱植株形成鳞茎时发现其纯度太差。

技术分析　该批种子没有任何文字说明，只能将鳞茎是否为红色作为主要标准。现场勘验表明，田间无明显缺苗现象，说明不存在发芽率问题。但鳞茎的大小及色泽差异甚大。我们在田间随机抽查了 578 株洋葱，其中鳞茎全红色的占 39.7%，鳞茎半红半白色的占 48.4%，鳞茎黄色的占 10.1%，鳞茎白色的占 1.9%。由于全红色鳞茎的洋葱仅占 39.7%，杂株率过高，属于严重不合格种子。

心得小结　如今散装种子已很难见了，但《中华人民共和国种子法》允许农民出售个人多余的种子。我们曾看到，有些农民将未卖掉的洋葱产品翌年繁育成种子出售。洋葱是异花授粉作物，不同品种之间非常容易天然杂交。

CB09　2015 年 1 月　乌鲁木齐县托里乡"白雪"洋葱投诉案

案情摘要　2015 年 1 月 11 日，受乌鲁木齐某农业公司委托，我们来到乌鲁木齐市九鼎农贸市场，就种植户张某对美国洋葱"白雪"的种子质量投诉进行司法鉴定。2014 年 2 月，张某从乌鲁木齐市某公司购买了美国进口洋葱"白雪"种子，在乌鲁木齐县托里乡种植了 9.3 公顷，10 月上旬收获后存入乌鲁木齐市九鼎农贸市场。两个月后的 2015 年 1 月，她认为有 40%产品商品价值低，其中 30%的鳞茎开始腐烂，10%的鳞茎异常不好销售。因有人怀疑掺有其他品种，张某便提出种子质量投诉。

经调查，张某种植的"白雪"洋葱，10月收获时产量达到112.5吨/公顷，其商品质量差的问题是在贮藏期间才发现的。在农贸市场，我们还看了王某种植的"富雪"（120吨/公顷）及供种方种植的多品种美国洋葱。其产品贮藏一段时间后，因鳞茎逐渐失水，其表现都和张某的产品相似。

技术分析 美国洋葱"白雪"在新疆已种植多年，所谓"富雪"实际上和"白雪"是同一品种，是不同经销商起名不同。其鳞茎主体形状为圆球形，但有高圆形及扁圆形的变幅。根据各种植户在农贸市场贮藏中的表现，未发现品种掺杂现象。由于上一年10月上旬洋葱收获期正值北疆首场降雪，因而产品在贮藏中腐烂较多。此外，鳞茎失水也会影响商品外观。至于个别"大脖子"洋葱，是其幼苗因感受低温引起的不完全春化现象。

心得小结 在供过于求的年份，此类投诉必然较多。只有通过比较，才能以理服人。

CB10　2016年5月　鄯善县吐峪沟乡进口洋葱鳞茎生长不良案

案情摘要 2016年5月16日上午，应鄯善县吐峪沟乡种植户于某及高某约请，我们对乌鲁木齐某农业公司经销的美国"六月雪"进口洋葱种子的质量进行田间勘验。此前他们俩已种过该品种洋葱，2015年又购买了61.5千克种子，于某等人集体种植18.7公顷，高某单独种植7.3公顷。他们分别在2015年10月下旬及11月下旬进行温室育苗，2016年2月20—28日定植，株行距为厘米15×（15~18）厘米，保苗数为2.3万株/亩。定植后部分洋葱地还扣了小棚。于某使用了除草剂高效氟吡甲禾灵，高某未使用除草剂；于某的叶面肥为磷酸二氢钾，高某使用大量元素水溶肥料。两家都使用过膨大剂"快膨大"。两种植户认为，田间不只是一个品种的性状，对品种纯度提出投诉。

我们随机抽取 5 个样点，每样点面积 3.34 米^2。分别测定总株数、鳞茎正常膨大及鳞茎未膨大的植株数。经统计，于某形成正常鳞茎的植株占 15.6%，高某占 20.4%。田间基本情况正常，无缺苗及病虫为害。但田间普遍有鳞茎开裂现象，而且于某的地块还较多。由于申请人未提出该问题，我们未进行统计。勘验中供种方提出火焰山农场的克某也种植同样的"六月雪"2 公顷，是 3 月 5 日定植的，未使用除草剂及扣小棚。经现场统计，形成鳞茎的植株占 78.7%。因该户未到场，故未拔起观察鳞茎是否开裂。

正当我们结束勘验离开现场时，于某的伙伴刘某提出田间有 40%～50% 的鳞茎已经开裂，质问我们为何没有鉴定。这么大的问题为何事先不提出呢？正巧另一位组员刘女士和我通话时证实了鳞茎有大量开裂现象。原来他们已商量集中提品种纯度问题，以免专家会对管理措施产生怀疑。

现场勘验后，我们查阅了供种方进口美国"六月雪"洋葱的相关文件及票据，并收集了鄯善县 2015 年及 2016 年相关月份的气象资料。

技术分析　洋葱是绿体春化型作物，当幼苗直径 ≥0.8 厘米后，在 2～10℃ 低温环境下一段时间，即可完成春化阶段进入抽薹开花。但不同品种之间在通过春化阶段的时间上差异较大。因此，在长日照的新疆吐鲁番盆地种植早熟白皮洋葱，是一项风险性较高的蔬菜栽培。实践证明，在吐鲁番盆地种植早熟白皮洋葱的适宜育苗播种期在 11 月中旬至 12 月中旬（日光温室），而绝非播种越早就越早熟。田间有部分"六月雪"洋葱植株未能形成膨大鳞茎有两种情况：植株较大者，是不完全春化的异常表现；植株较小的，还会继续生长形成鳞茎产品。

根据鄯善县气象记录，2016 年定植前 2 月气温低于 2015 年，而定植后的 3 月及 4 月上旬的气温又高于 2015 年。所以，定植前温度偏低，会使温室中的少数较大的幼苗完成春化作用、抽薹开花；而定植后气温偏高，田间洋葱苗生长较快、较粗，一旦冷空气入侵，不完全春化的机会就多，就会出现鳞茎分蘖及"鸡大腿"（又称"大脖子"）鳞茎。这种异常现象往往出现在播种较早、管理较好的种植户地里，以致形成了"谁育的苗壮谁倒霉"的特殊性，令一般干部和群众都无法理解和接受。

另外，田间还有少量抽薹开花、鳞茎多生长点的植株，这是洋葱大苗完全通过春化作用的表现。人们将花薹去除，解除了顶端优势后，潜伏的侧芽就开始活跃并生长迅速，出现了上述现象。这绝不是品种混杂或种性退化，而是洋葱植株对外界环境的生理反应。我国华北地区菜农，在长期洋葱越冬早熟栽培实践中，摸索出"扔大苗，栽小苗"的宝贵经验。因为大苗在长期低温下很容易完成春化而先期抽薹。

经勘验，在所有"六月雪"洋葱的地里，未发现任何杂色葱头。即使是未形成膨大鳞茎的洋葱，其叶鞘上绿色条带的形状也是一致的，未发现其他品种的特征。"六月雪"原名"ASPEN"（白杨），系美国圣尼斯（SEMINIS）种业公司出品。2002年在吐鲁番盆地试种获得成功后就在当地推广。

勘验时发现，种植户白某在同一条田中种植两个洋葱品种：其中5.3公顷是"六月雪"，其鳞茎未膨大的植株数量和于某相似，85%植株已形成正常膨大的鳞茎，但没有鳞茎开裂现象；而8公顷"玉雪"洋葱假种子则绝收。白某说他也使用了膨大素，但没有使用乙烯利和芸苔素内酯，因此没有鳞茎开裂现象。

心得小结　在风险栽培情况下，同样种子在各年份的表现是不一样的。在这类投诉案件的鉴定中，证明种子质量没有问题比有问题的难度还要大，因此要特别细心观察和分析。

CB11　2016年5月　鄯善县鲁克沁镇进口洋葱假种子案

案情摘要　2016年5月16日下午，应鄯善县鲁克沁镇赵某等10户种植户约请，我们来到该县鲁克沁镇吐峪沟乡海洋湾新村，就种植户们投诉张某经销的"玉雪"美国进口洋葱种子不长鳞茎进行司法鉴定。2015 年 10 月下旬，赵某等 10 户种植户通过张某（无证经营户）购买了青岛某蔬菜种植合作社经销的美国"玉雪"白皮早熟洋葱种子 69 千克（3 000元/千克），部分种植户购买了该种子育出的幼苗。不料 4 月间出现未熟抽薹现象，5 月间发现鳞茎双生长点或多生长点等异常现象，不能形成正常产品。

经调查，种植户们普遍在 2015 年 10 月 28 日至 11 月初在温室内播种育苗，2016 年 3 月 1 日前后定植露地，膜下滴灌栽培。现场随机抽查了杨某、李某及白某 3 户的 4 个样点（每样点 3.34 米^2），所有洋葱植株均不能形成正常鳞茎。而李某及白某同时种植的"六月雪"洋葱生长正常，85% 植株已形成鳞茎。经销商张某承认，他看过 32.5 公顷种植"玉雪"的洋葱地，都没有正常的鳞茎产品，同意"今年玉雪洋葱绝收"的结论。

技术分析　张某经销的"玉雪"洋葱种子采用蓝色塑料罐包装，其上标有"MAPLE SEED"（枫树种业）的说明，但却有"酒泉物流"的发货标志。细读英文说明，发现其上有 8 处提到"ATLAS SEED，B. J."（北京阿特拉斯种业）。通过网上搜索我联系到该种业公司，该公司声明并未销售这种包装的进口洋葱种子。张某在随后质疑中无言对答，承认是在酒泉生产的假种子。

心得小结　美国的洋葱杂交一代种子多是通过雄性不育系生产的双杂交种子。其杂交二代看不出明显的性状分离。造假者误以为是常规品种继续繁种。如将杂交三代种植于田间，则出现无主体性状的严重劣变。

CB12　2017 年 10 月　呼图壁石梯子乡进口洋葱假种子案

案情摘要　2017 年 10 月 13 日，应呼图壁县种子管理站委托，我们到该县石梯子乡东沟村对王某等 10 家种植户投诉"鹰牌"进口洋葱种子在生产中出现鳞茎畸形的原因进行司法鉴定。王某等 10 户村民当年春季从吉木萨尔菜贩贾某处半赊销了进口的"鹰牌"美国洋葱种子，种植了 43.7 公顷，不料出现鳞茎畸形现象。

勘验时东沟村洋葱地已收获过半，现场土地连片，前茬玉米或小麦，中心处海拔 843 米，村民们在 4 月 27 日至 5 月 10 日播种，个别育苗移栽，膜下滴灌栽培。田间多数洋葱鳞茎不膨大呈"鸡大腿"状（彩图 5），还有鳞茎开权及分蘖等现象。我们随机抽查了王某、赵某等 7 户的 9 块洋葱地中 9 个样点，每点 1.5 米^2，统计保苗株数及鳞茎重量。经测产，保苗数为 23 409 株/亩，鳞茎产量 78.6 吨/公顷，但商品洋葱仅占 1/3。该村赵某在 6 月 10 日同时移栽"富雪"及"鹰牌"两品种洋葱幼苗，"鹰牌"洋葱育苗移栽的异常情况同直播。经测产，"富雪"洋葱保苗 28 446 株/亩，产量 113.3 吨/公顷，鳞茎无异常现象。勘验中未发现村民在管理上有技术失误。

技术分析　出现上述鳞茎异常现象的原因是品种严重退化，不排除供种方是将杂交一代洋葱继续采种提供给村民。仔细观察 2017 年贾某提供的"鹰牌"洋葱的种子罐，其上表明品种是"白色西班牙总管"（White Spanish Ringmaster），但没有种子生产单位、地址及电话，在种子净重及检验日期两个栏目下均为空白。而 2016 年贾某提供的"鹰牌"洋葱种子罐上均标注有相关文字。按照《中华人民共和国种子法》第四十九条"种子种类、品种与标签标注的内容不符或没有标签的"为假种子。

心得小结　近年来屡次发生进口洋葱种子造假现象，其主要原因是双交种杂交一代洋葱的第二代没有明显性状分离，误以为是常规种又进行扩繁，导致农户种植杂交第三代并产生大量鳞茎畸形现象。

第三节　C 大　葱

大葱耐寒性强，是以叶鞘组成的肥大假茎和嫩叶为产品的重要蔬菜作物。在生产中，大葱引发的种子质量问题，除了发芽率下降之外，生产事故很少。

CC01　2016年2月　农4师64团某保鲜库大葱腐烂案

案情摘要　2016年2月17日，受兵团霍城垦区人民法院委托，我们来到可克达拉市农4师64团某保鲜库，对佘某贮藏在该库的大葱发生腐烂的原因、程度及数量进行司法鉴定。本案和AB06及BA06都是同一案件中的不同作物。2015年9月11日，种植户佘某和该保鲜库经理陈某签订租赁合同，时间为2015年9月11日至2016年4月30日，库内温度确定为3～6℃。当年11月20日前后，她将1.5吨大葱运入该冷库9号库内贮藏。2016年1月17日发现库内大葱等蔬菜严重腐烂，此后佘某提出诉讼。

现场看到，佘某的大葱是一捆捆地放在库内的地面上，由于贮藏期间从未整理过，所有大葱表面已霉烂并全部失去商品价值。

技术分析　贮藏温度设定过高是腐烂的首要原因。合同规定的"3～6℃"的贮藏温度都比存入的3种蔬菜适宜的贮藏温度高。《中国蔬菜栽培学》（第二版）第393页指出：大葱适宜贮藏温度为-3～-1℃。较高贮藏温度必然导致腐烂。

心得小结　这起案件的当事人贮藏了胡萝卜、马铃薯及大葱3种作物的产品。由于种植户和库方管理人都不熟悉保鲜库性能，造成多种蔬菜在保鲜库内全部腐烂。在一些新建的保鲜库的运行初期，难免会发生这类事故。

CC02　2020年1月　乌鲁木齐市米东区越冬大葱被马践踏案

案情摘要　2020年4月，受乌鲁木齐某法律服务所委托，我们对该市米东区羊毛工镇牛庄子村发生的越冬大葱遭马匹践踏的生产事故进行技术分析。2020年1月，种植户韩某多次发现他种植的1.3公顷越冬大葱地夜间被马匹践踏。某日他在现场抓获邻村顾某的9匹马，并向当地派出所报案。由于当时正值抗击新冠肺炎疫情的防疫管制期间，我们无法进行现场勘验。开春后，韩某没有收获越冬大葱产品，田间大葱陆续抽薹开花导致绝收。在诉讼和调解过程中，顾某反复强调"人不吃草，马不吃葱"，以推卸责任。

技术分析　我认为本案的焦点不在于马是否吃葱，而是马蹄践踏会给越冬大葱造成普遍的伤害。根据现场照片，韩某种植的大葱越冬前进行了多次培土，垄的高度普遍约在 50 厘米。马匹进入越冬大葱地是寻找积雪之下的杂草吃。这种践踏可使越冬的大葱失去土壤和积雪的保护，同时也会普遍踩折大葱植株。这两项都会使开春后风味浓郁的"羊角葱"产量和品质都受到巨大影响。

心得小结　这是抗疫特殊时期的一起越冬大葱植株被马匹践踏伤害的案件。在无法到达现场时，只能抓住问题的核心进行理论分析。

第四节　D 大　蒜

大蒜原产于欧洲南部和中亚地区，在我国南北都普遍栽培。据史载，公元前 119 年由张骞第二次出使西域时将大蒜引入内地，随后逐渐传到日本和其他国家。大蒜既是蔬菜，又是很好的天然杀菌剂。大蒜的产品是其鳞芽构成的鳞茎，鳞茎的颜色有白皮和红皮两类，其品种特性也不同。新疆大蒜的皮色和特性正好与内地相反，即红皮蒜耐寒不耐藏；而白皮蒜则耐藏不耐寒。新疆大蒜产品中的大蒜素等有效成分较高，近来已加工成时尚的保健品。

CD01　1983 年 9 月　乌鲁木齐南郊大白蒜"鸡大腿"现象

案情摘要　1983 年 9 月中旬，我们到乌鲁木齐县南郊水西沟乡察看大白菜未熟抽薹投诉时，邻近传来一家农户的痛哭声。据了解，并非亲人逝世，而是他们一家寄予厚望的大白蒜，临收获时才发现都没有结蒜头，全部形成了"葱头蒜"，俗称"鸡大腿蒜"。这种现象前有所闻，此次是亲眼所见。

技术分析　据新疆农业科学院园艺作物研究所（简称新疆农科院园艺所）研究，新疆的大白蒜需要0~5℃ 70天以上的低温环境才能完成春化作用。当年外贸部门组织大白蒜生产时很注意技术培训工作。该种植户可能未参加培训，他们没有将蒜种放在低温环境中贮藏，而是挂在住房内。这是导致不结蒜头的原因。另外，补种过晚或后期追施大量氮素化肥也会形成不长蒜头的"鸡大腿"现象。

心得小结　当年新疆的大白蒜在我国出口大蒜产品中独树一帜，可是运输距离很长。深圳曾有人将新疆大白蒜在当地种植，结果没有结蒜头，事出同理。看来，"一方水土养育一方人"，在引种时要特别注意这个问题。

CD02　1985年9月　吉木萨尔县泉子街乡"马尾蒜"异常现象

案情摘要　1985年9月我到吉木萨尔县农业局讲课时，曾到该县泉子街乡察看过"马尾蒜"。这是大白蒜后期形成蒜头后，蒜瓣发生松散分离，甚至出现二次生长现象。异常生长的蒜瓣数量较多时，会抽生出一丛顶生叶，形同马尾。"马尾蒜"现象在蒜头上多数是局部发生，少数是全面发生，从而大大降低了大蒜的商品品质。在现场调查时，种植户承认在蒜种贮藏期间不小心受了冻。

技术分析　大蒜发生"马尾蒜"现象的原因相对复杂。比较肯定的说法是种蒜的生长点受冻，引发了鳞芽的异常分化。新疆冬季≤-15℃的低温很普遍。以往供出口的大白蒜如蒜种受冻或当年收获时遗漏，翌年田间必定长出"马尾蒜"。在现场，我看到低洼处"马尾蒜"较多。据当地同行反映，大蒜播种后在强冷空气侵袭的年份这种异常现象较多。冷空气比重大，容易在低洼处聚集。但是，"马尾蒜"是一种伤害，不会遗传。所以，有些农民还特地将其收集起来用于播种。

心得小结　只要将蒜种保管在 0~5℃ 环境下不让它受冻，就不会发生"马尾蒜"现象。以往吉木萨尔县曾将解决"马尾蒜"问题作为技术招标项目。但随着我国大蒜出口基地的变迁和种蒜技术的普及，现在生产中这个问题已经很少见了。

CD03　1987 年 9 月　质疑日本专家组织生产大蒜气生鳞茎

事　由　1987 年 9 月，中国种子公司的小王陪同一位日本专家前来和新疆农业厅种子公司洽谈在新疆生产"天蒜"（大蒜气生鳞茎）事宜。这位日本青年专家自称是世界上 3 位研究大蒜结籽问题的学者之一。此行他来华的目的是想组织"天蒜"（大蒜气生鳞茎）生产，为日本餐桌提供一种新型的菜码，又称"蒜芽"。该专家称，生产气生鳞茎并不会影响大蒜的产量。

技术分析　面对这位日本青年学者，我根据读过的文献指出，中国研究大蒜结籽的学者就有李家辰等人。我还介绍了他们在大蒜开花后进行人工授粉的细节：为保证养分集中，需将已形成的嫩蒜瓣一一剔除。这位日本青年专家为自己吹牛过头感到羞愧。我指出，生产大蒜气生鳞茎成本太高，生产上是行不通的。首先，大蒜的气生鳞茎大小不一，太小的不适于发"蒜芽"，如果只挑大的则产量很低。其次，生产气生鳞茎后，蒜农要损失 100~150 千克/亩的蒜薹产量，这相当于 200 千克蒜种的价值。最后，生产气生鳞茎必定分散植株提供给蒜头的养分。大蒜根系是弦状根，没有根毛，吸收能力差，这必定导致蒜头减产。我询问日本专家能开什么价来收购这种"天蒜"？该君无言以答。

心得小结　陪同的小王说，此君一路吹过来，到了新疆才遇到质疑者。这得受益于当年在北京农业大学培训时，我通读了该校图书馆新中国成立以来所有的中文蔬菜学文献。当年我的判断应该没错。几十年过去了，再没有听说洽谈出口"天蒜"的业务。

CD04　2016 年 5 月　山东冠县大蒜氯超标复合肥伤害案

案情摘要　2016 年 5 月上旬，应山东省冠县人民法院委托，我们对高某等 6 家种植户因使用某复合肥给大蒜追肥造成的伤害进行损失评估。经调查，当地在前一年 8 月底种植红皮蒜，越冬后于 3 月下旬追施某"聚失肥"（600 千克/公顷），不料 4 月上旬普遍出现叶片发黄、大蒜植株枯黄等现象（彩图 6）。现场勘验表明，使用"聚失肥"追肥的蒜头平均直径为 4.35 厘米，而未使用者为 4.79 厘米，相差 0.44 厘米。该肥料袋上有较小的文字标注："本品含有缩二脲、含氯，使用不当会对作物造成伤害"，但经销商未注意这一问题。在现场，三方联合将农户留存的"聚失肥"进行取样和封样，然后送上海市某化工技术服务公司检测。

技术分析　经检测，氯离子含量 34.7%，而该化肥袋上表明"中氯"，按国家标准《复混肥料（复合肥料）》GB 15063—2009 规定，其含氯量应≤30%。当前我国农业化学界普遍认为，大蒜属于"忌氯作物"。因此，本案的实质就是大蒜使用了不合格的复合肥。现场勘验时下了雨，田间泥泞无法测产。经商定，采用测量蒜头直径来进行对比。但是，双方在取样上争执不休。我们决定，由农户、厂家及鉴定人三方各取 10 株大蒜进行测量。

心得小结　值得一提的是，取样后的化肥属"不明化学物质"，在机场安检时遇到很大麻烦。因此，凡是化肥样品取样，应通过快递渠道运送。

CD05　2016 年 6 月　河南省舞阳县大蒜鳞茎异常二次生长案

案情摘要　2016 年 6 月初，应河南省舞阳县种植户陈某邀请，我们到他种植的 5.3 公顷 "河北大名红蒜" 的现场，分析大蒜鳞茎二次异常生长的原因。当时田间大蒜已大部分采收。据介绍，该大蒜于 2015 年 10 月中旬播种，2016 年 3 月下旬因越冬蒜苗叶色发黄，经推荐使用了 "格润"（北京某生物公司出品）和 "特效生根壮苗王"（陕西某化工公司出品）两种叶面肥，后者还添加了 "解害灵"。使用的浓度前者为规定浓度的 2 倍，后者是推荐浓度。两种叶面肥各喷洒了 1.3 公顷。不料喷叶面肥后，蒜头中的蒜瓣却普遍抽生新叶（彩图 7），致使所有蒜瓣空瘪而失去商品价值。种植户要求鉴定这两种叶面肥是否对蒜瓣发生二次生长有直接联系。

技术分析　这种大蒜鳞茎二次生长与新疆大白蒜因低温产生 "马尾蒜" 的二次生长不同。前者是在叶鞘中形成二次生长；而后者是长出蒜瓣外，抽生较多者形同马尾而得名。在现场看到，两种叶面肥引起的大蒜异常生长的表现是完全一样的。我们随之在新疆吉木萨尔县大蒜产区找到和内地红蒜特性基本相似的 "拜城大白蒜"，并于 8 月 5 日进行叶面肥试验。设计处理共计 4 组，每组 30 株：①按陈某使用 "格润" 和 "特效生根壮苗王" 的浓度，1 千克水+3.3 毫升肥；②按推荐浓度，1 千克水+1.7 毫升肥；③按推荐浓度 1 千克水+1.7 毫升肥及 0.7 毫升 "解害灵"；④喷清水作为对照。

处理后我们经常和大蒜种植户联系。据种植户称，使用 3 种配方的叶面肥，均未发生任何异常生长现象，相反的叶色更浓绿。9 月 10 日大蒜收获时，我们到现场也未发现大蒜有异常生长现象。

在舞阳县现场，我们还看到田间有一块数平方米的低洼处大蒜蒜头正常。原来，该处当时因浇水后形成一洼积水无法进入而未喷叶面肥。管理人员程某说，他曾将少量蒜种带回房前种植并无异常现象。由此断定，问题只能在使用叶面肥的喷雾器上。只要被人借去喷除草剂等激素类药剂，一般很难清洗干净。

心得小结　尽管种植户陈某声称他使用的几个喷雾器都是新购置的，并否认借给任何人使用过。但经试验验证，两种叶面肥均有益无害。当事人对此技术结论未提出异议。

CD06　2017 年 12 月　乌鲁木齐市某保鲜库大蒜发芽生根案

案情摘要　2017 年 8 月下旬至 9 月上旬，经销商刘某从江苏邳州运来了 300 多吨红皮蒜，存入乌鲁木齐市某保鲜库内（3 号库 270 多吨、4 号库 65 吨），商定保鲜温度为 -3℃。不料 10 月 10 日刘某发现 3 号库内大蒜出现发芽生根现象。而 4 号库内已结冰，大蒜正常。他还看到仪表的温度显示有问题，特请新疆公证处在现场进行了证据保全。由于双方在赔付上未能达成一致，请我们进行司法鉴定。

现场看到，所有大蒜是采用透气编织袋包装的，在库内钢架上存放，部分编织袋内有水珠。但两间保鲜库内的大蒜已由库方进行了转移。经 3 号库抽样表明，60% 大蒜已发芽生根，30% 大蒜的蒜瓣内已孕育芽体（俗称"顶芽蒜"或"带芽蒜"），只有 10% 大蒜是正常的。

技术分析　大蒜采收后有明显的休眠期，休眠解除后在 ≥5℃ 温度下才能发芽。库方不承认仪表和设备发生故障，对鉴定意见提出质疑：①袋内有水珠，说明大蒜含水量太高；②装载量超标，3 号库仅能装 130 吨；③制冷设备和仪表都没有问题；④蒜瓣未出芽的"孕芽蒜"不应计算损失。

我们答复如下。①袋内有水珠是库内温度变化较大时的结露现象。即使刚收获的大蒜含水量偏高，在 -3℃ 低温下也不可能发芽、生根和发霉。②保鲜行业内有基本共识，一般果蔬产品每立方米体积需 5~7 米³ 的贮藏空间。大蒜产品含水量低，每立方米只需 5 米³ 库容即可，故 3 号库可存放 280 吨蒜。③新疆公证处 10 月 21 日的光碟表明，3 号库未结冰，而仪表显示的温度却为-6.1℃，足以使大蒜受冻；4号库内已结冰，大蒜正常。④孕芽的大蒜虽然未出芽，但已降低了商品品质，只能降级。

心得小结　库方提出还有10%大蒜是正常的，不应计入损失。这是不现实的。在当年大蒜供过于求的情况下，如何挑选这10%是很费人工的，只能全部削价处理。

第五节　E 韭　葱

韭葱俗称洋蒜苗，以种子繁殖，其叶片形似大蒜，但不结蒜头。20世纪90年代初，在西北地区保护地蔬菜生产中，韭葱曾作为一种葱蒜类蔬菜少量栽培过。但韭葱的风味不及大葱和大蒜，种植面积始终不大。当年，曾有人将一种叫作"四季蒜薹"的韭葱作为新奇特品种进行宣传。

CE01　1994年5月　乌鲁木齐市七道湾乡"四季蒜薹"试种鉴评

案情摘要　1994年5月中旬，应乌鲁木齐市科协约请，我们到乌鲁木齐市七道湾乡七道湾村1队查看引种栽培的"四季蒜薹"。当时乌鲁木齐有人从东北引来"四季蒜薹"种子。最初，市民不认识这个蔬菜作物，褒贬不一。市科协组织蔬菜专业人员就该蔬菜是否有推广价值进行讨论。

技术分析　首先，我认为"四季蒜薹"属于韭葱，是抽生较多葱薹的韭葱品种。除了葱薹外，其叶片及葱白皆可作为蔬菜食用。其次，我认为取名"四季蒜薹"不妥，因为其花薹是韭葱的味道，完全没有蒜薹风味，会误导群众。应该像韭薹一样称为"葱薹"。最后，"四季蒜薹"推广前景不大。新疆是大蒜产区，蒜薹可贮藏一年以上，已实现周年供应了。所以，发展韭葱的花薹没有市场。多年过去了，这种韭葱的葱薹如昙花一现，并未形成产业。

心得小结　推广一个新品种或新蔬菜，要从当地居民的消费习惯出发。新的蔬菜仅有一段时间新鲜感是远不够的。早年推广国外的稀有蔬菜曾经有十几种，但能扎根我国菜地的却很少就是例证。

第四章
白菜类
（代号 D）

第一节　A 大白菜

　　大白菜是我国的特产蔬菜，也是栽培面积最大的蔬菜之一。然而，大白菜又是栽培历史很短的蔬菜。据史书记载，古代称白菜为"菘"，不包心；唐朝有"牛肚菘"，叶大味甘，是大白菜的雏形；明朝有花心白菜；明末清初才形成包心良好的大白菜，也就是我们栽培的大白菜。由于形成的历史较短，大白菜在制种时一定要遵循大株采种（结球采种）和小株采种（不结球采种）相结合的原则，才能保持良好的种性。

　　此外，生产上还有一类春种大白菜品种，其个体相对较小，还有小型的"娃娃菜"。这类大白菜冬性较强，在较低的温度下也不易抽薹。

DA01　1977 年 7 月　质疑乌鲁木齐市政府"万亩大白菜"种植计划

　　事　由　1977 年 7 月，乌鲁木齐市政府根据当时"计划生产，就地供应"的蔬菜生产方针，决定当年秋季在市郊安排种植 666.7 公顷（即 1 万亩）大白菜。市政府特地召集乌鲁木齐市的农业科技人员讨论该计划，很多农业科技人员到会。

技术分析 1976 年开春后，乌鲁木齐县政府曾将我借调到乌鲁木齐县五七大学培训生产队蔬菜技术员 3 年。我因业务工作中断多年，满怀热情投入工作，并走访了各乡学员的家庭，对乌鲁木齐郊区的农业生产有了基本认识。我认为，乌鲁木齐的市郊仅有一个乌鲁木齐县，俗称"大城市，小郊区"。其近郊老菜区因十字花科蔬菜连作和病害猖獗，已不适合生产大白菜。唯有北郊安宁渠可作为大白菜生产基地，但那里也没有 1 万亩地可种。如果硬性播种万亩，必定有相当多重茬地，病害一定会很重。我大胆提出：削减 1/3 面积，种好 500 公顷（7 500 亩），照样可完成产量目标。但因人微言轻，该意见没有被采纳。

不料 1977 年秋季乌鲁木齐市郊实际播种大白菜只有 530 多公顷（8 000 多亩），而且在首次生产检查中，三类苗面积过半。由于当年病害较重，"万亩大白菜"种植计划遭到失败，以致乌鲁木齐居民冬菜供应非常紧张。

心得小结 事后市政府在总结当年"万亩大白菜"失败的教训中提到"没有听取专家意见"。其实，当时我还是助教。80 年代乌鲁木齐市科委组建西北地区首批专家顾问团时，将我和许多老专家一起吸纳。"实践出真知"一点不假。

DA02 1984 年 9 月 乌鲁木齐县南郊永丰乡大白菜抽薹

案情摘要 1984 年 9 月乌鲁木齐县科协根据本地区蔬菜病害严重的问题，提出将大白菜生产基地南移的革新方案，着手将传统的大白菜产区从北郊安宁渠转移到南郊永丰乡等地。当时试种的大白菜品种有"天津青麻叶""小杂 56"等，播种期均在 8 月中旬。前期大白菜生产良好，但在 9 月底普遍出现未熟抽薹现象。

技术分析 当年市科协提出大白菜基地转移的想法是好的。但由于主持人并非蔬菜学专业人员，他只考虑到南郊从未种过大白菜，有利于解决病害问题，但未考虑到当地地势较高，生育期较短，未熟抽薹风险很大。大白菜是种子春化型作物，从种子萌动起就积累完成春化作用的低温。一旦冷空气入侵，气温就会大幅度下降，在南郊种大白菜很容易未熟抽薹。

心得小结　农谚称"三年当个庄稼汉，十年难当菜园老"，说明蔬菜生产的复杂性和农业科学的博大精深。我很赞同农业科技人员考虑问题需要"立体思维"的提法。此后，达坂城气象站一位热心科技扶贫的干部也曾在南郊达坂城区种"小杂56"等杂交一代大白菜，同样也遇到未熟抽薹问题。由此可见，在大面积推广蔬菜品种前，一定要做多点生产试验，否则风险很大。

DA03　1986 年 9 月　昌吉市二工乡青帮大白菜丛生现象

案情摘要　1986 年 9 月，新疆八一农学院园艺系两位毕业女生分别分到昌吉市和玛纳斯县种子管理站。她们俩刚参加工作就遇到麻烦：昌吉市种子站售出的、由玛纳斯县种子站繁育的"天津青麻叶"大白菜种子，当年在二工乡种植后出现丛生现象。种植户投诉后都说不出原因，于是她们决定请专业老师前来处理。

技术分析　当时我和蔬菜教研室两位老师到现场看到，昌吉地区大白菜病害猖獗，白帮品种大白菜因病害严重普遍减产。青帮的"天津青麻叶"相对抗性较强，但基部的腋芽萌发形成一个个小白菜，俗称"抱娃娃菜"（参见 DA07）。经调查，玛纳斯县种子站采用连续早春顶凌播种的方式繁育"天津青麻叶"大白菜种子，这是违背大白菜良种繁育程序的连续小株采种（俗称"娃娃籽"）。有文献指出，连续小株采种，不仅大白菜的优良种性不能保持，而且其腋芽也比较活跃。那一年大白菜病害较重，种植户使用农药的数量也较多，叶面上虫眼很少。但在农药用量较多时，大白菜顶芽受到抑制，腋芽就比较活跃，丛生现象由此而生。

心得小结　我们处理这起种子质量争端效果不错。制种方心悦诚服地接受了我们的技术分析，并请我担任玛纳斯县种子站的技术顾问，做了一段技术工作。

DA04　1992 年 8 月　昌吉农校试验农场大白菜品种纯度鉴定

案情摘要　1992 年 8 月，自治区种子管理总站指派我和有关专家前往昌吉农校（现新疆农业职业技术学院）试验农场进行大白菜品种纯度鉴定。此案并非农户投诉，而是某种子站人事更迭。新站长怀疑老站长经手的大白菜种子有质量问题，为明确责任，委托自治区种子管理总站进行第三方种植鉴定。当年种子站既管理种子业务，又销售种子。该案是委托昌吉农校试验农场进行，供试的大白菜都是常规品种，既有白帮的，也有青帮的。

技术分析　我们首先在田间进行全面巡查，总体情况良好，只有两个品种有一些杂株。于是在田间，对这两个常规品种各随机抽查200 株，统计其杂株率。结果杂株率都未超过 10%，均视为合格种子。

心得小结　这起案例给我们一个启示，在接管质量有疑问的种子时，委托第三方进行种植鉴定是个好办法。此后，我们应有关部门还进行了多起其他蔬菜的同样鉴定，不再赘述。

DA05　1992 年 10 月　乌鲁木齐县安宁渠镇大白菜包心不良案

案情摘要　1992 年 10 月 19 日，受乌鲁木齐县农技站委托，我们到该县安宁渠镇青格达湖乡天山 2 队处理大白菜包心不良的种子质量投诉。这是一起很有趣的投诉：青年农民刘某没有种大白菜的经验，当年春季他从县农技站购买了"丰抗 58"早熟大白菜种子，在 5 月上旬就早早播种了，结果田间不包心的大白菜高达 90%，还有 30% 植株抽薹和开花了。刘某气愤地投诉种子质量有问题。县农技站负责人告诉他，在 7 月中旬再播种，如果大白菜还不包心，连同前面一茬一道赔。刘某错误地认为，只要大白菜不包心就可向县农技站索赔两茬的经济损失。当年 7 月 14 日，他在林带边进行小面积播种，并采取了明显的"虐待措施"：该施肥时不施肥，该浇水时不浇水。7 月中旬播种的大白菜，到 10 月 19 日已 97 天了，但田间大白菜植株还很小。

技术分析 当我发现问题的实质后向小刘指出，在北疆种大白菜有严格的播种期。过早播种，不但不会包心，甚至还会抽薹开花，而且病害会特别严重。即使是适期播种，也要做好水肥管理才能正常包心。起初刘某不接受我的技术分析，我耐心地告诉他，可以向上级种子管理部门投诉，并告诉他种子管理部门的详细地址。我还说，如果种子站组织的专家进行鉴定后还不服，还可以封存双方的种子样品，申请由第三方种植后再行鉴定。同时我也指出，这么做不但要多花费，而且还告不赢。

心得小结 当我们遇到初次种菜的农村青年或转行务农的新手时，一定要告诉他注意基本的技术措施。一旦出现问题，要耐心进行技术分析，不能赌气。

DA06　1995 年 11 月　农 6 师 102 团假"丰抗 70"大白菜抽薹案

案情摘要 1995 年 11 月初，应农 6 师种子管理站约请，我到农 6 师梧桐窝子 102 团某连，对王某种植的大白菜发生未熟抽薹现象进行技术鉴定。王某是植物保护专业技术员，他从某干部亲属手中买来由山东济南市某种业公司出品的"丰抗 70"大白菜种子，于当年 7 月 26 日播种 2 公顷，其田间管理精细，不料 9 月底大白菜包心后发现，叶球为直筒形，而不是种子袋上的平头形，随后田间大白菜植株陆续发生抽薹现象，全面失去商品价值。

技术分析　大白菜叶球形状和种子袋上的平头形照片不符，说明种子有假。但当地工商所同志说："你不来我们也知道种子有假。你来了能不能告诉我们这些种子是在哪里造假的？"我说确定造假地点不是我们的责任。但我根据其播种期和植株抽薹的表现，推断该种子造假的地点是在华北南部。

首先，北疆大白菜适宜播种期为 7 月 25 日前后，王某在合理播种期内播种，却全面发生未熟抽薹，证明该种子的产地绝不是种子袋上标注的山东济南地区。其次，田间大白菜的叶球个体较大，说明它不是长江流域的小型大白菜，而是华北南部的大白菜，因而对新疆秋后较低的温度比较敏感。后来，农 6 师种子管理站秦站长告诉我，该批假"丰抗 70"种子来自河南。幸好经销者不熟悉农时，种子运到已是 7 月下旬，没造成更大的损失。

心得小结　这是我从事技术鉴定中，首次要我指出造假地点的案件。我根据大白菜的植株特性做出的推断是符合实际的。

DA07　1999 年 9 月　呼图壁县芳草湖四场大白菜丛生案

案情摘要　1999 年 9 月，受乌鲁木齐县种子管理站委托，我们前往呼图壁县芳草湖四场处理"鲁白 2 号"大白菜发生丛生现象的种子质量投诉。当我们到现场时，投诉人却未到场，原来其母不幸病故。据种子管理站介绍，该种植户从乌鲁木齐县种子站购买了山东某种业公司出品的"鲁白 2 号"大白菜种子，其播种期在 7 月下旬，田间植株生长势不错，就不知为何在大白菜的基部长出一些由腋芽萌发的小型白菜（彩图 8），俗称"抱娃娃菜"。

技术分析　我们和相邻的大白菜地比较后发现，出现丛生现象的大白菜叶片上居然没有虫眼。由此说明该种植户使用的农药数量较多，打药的浓度也比较大。由于大白菜的生长点有较多的药液聚集，因药物刺激使生长点受到一定抑制。于是，基部的大白菜腋芽就活跃起来。

这种情况犹如瓜类被摘心后，侧枝就会迅速萌生。由此也证明种植户不是经验丰富的老菜农。此外，大白菜收获时，其基部丛生三四个扁平的小型白菜对品质影响并不大。

心得小结　这是一起没见到投诉人的田间勘验。我将上述技术分析写在鉴定意见后，没有得到种植户不同意见的反馈。

DA08　2001 年 7 月　和静县巴伦台镇大白菜严重抽薹案

案情摘要　2001 年 7 月 24 日，受和静县消费者协会委托，我来到和静县巴伦台处理春大白菜"四季王"严重抽薹的种子质量投诉。现场位于巴伦台镇夏尔才格村某部队废弃的农场中。由韩国某种业公司出品的春大白菜"四季王"是和静县种子管理站经销的，种植户刘某、魏某二人当年 3 月初到该站希望买一种不抽薹的春大白菜种子。卖种子的是该站的一位新职工，她认为"四季王"可随时播种，也没有询问种植户在何处栽培就将种子出售了。刘某等人在 5 月 24—25 日播种了 0.33公顷，出苗后不久大白菜就开始全面抽薹，田间如同油菜地一样。

技术分析　现场勘验得知，该农场地势较高，海拔 2 000 米以上，农作物生育期较短。当年部队从事生产后，因效果不佳而放弃。两个种植户都缺乏农业生产经验，大胆承包了某部队废弃的农场。大白菜是种子春化型作物，"四季王"春大白菜虽然有一定的抗抽薹能力，但还需要起码的环境条件才能栽培。

心得小结　当年种子管理站和种子公司没有分离，难免有"既当运动员，又当裁判"的尴尬。

DA09　2002 年 9 月　乌鲁木齐县地窝铺乡大白菜包心不良案

案情摘要　2002 年 9 月上旬，受新疆农科院园艺所约请，我来到乌鲁木齐县地窝铺乡宣仁墩 1 队，对种植户赵某种植的"小杂 56"大白菜包心不良的投诉进行现场勘验。赵某当年从该所开发部门购得"小杂 56"大白菜种子，并于 7 月 22 日播种。现场看到，田间大白菜植株主体性状一致，无杂株及变异株。但是，植株生长势较弱，叶色较淡，田间管理较粗放，杂草较多。我们到场时，赵某正在树荫下下棋。他说种子袋上标注"小杂 56"一般亩产 6 吨，高产的可达 8 吨以上。但是，别人说他的产量绝对达不到 4.5 吨/亩，他就投诉种子有质量问题。

技术分析　这像一起"懒汉投诉"。现场西邻同队妇女种植的大白菜，其播种期相近。该妇女正在田间中耕除草，白菜包心良好，丰收在望。我向赵某说明，种子袋上的介绍是指该品种在满足基本生长条件之后可达到的产量。种菜是"一分耕耘，一分收获"，绝不是播种完就能等着丰收的。赵某在事实面前无以对答。

心得小结　如今这类投诉主要来自刚务农的青年或转行种菜的新手。他们往往根据种子袋的产量介绍，就简单估算出当年收入。因此在介绍品种和销售种子时，要特别注意这类人群。

DA10　2004 年 6 月　昌吉市滨湖乡早熟大白菜未熟抽薹案

案情摘要　2004 年春季，昌吉市滨湖乡东沟村支书看到佃坝乡有人种植山东的两种早熟大白菜效果很好，就从昌吉市某种业公司购买了一批山东诸城市某种业公司出品的"诸丰 35"及"诸丰 45"早熟杂交一代大白菜种子，回去后分发给 35 户种植户种植。不料当年 6 月中旬"诸丰 35"全面开花如同油菜花一样，"诸丰 45"也全面未熟抽薹，都失去商品价值。某驻村干部请一专业人员看过后就肯定种子有质量问题，于是向法院提出诉讼。法院立案时需交诉讼费，他们扬言赢了官司补交。此事经当地报纸报道后，形成了一起群体性的种子质量投诉案件。

技术分析　经了解，2002 年昌吉市某种业公司从山东引种了"诸丰 35"和"诸丰 45"两种早熟大白菜种子。品种名称上的"35"和"45"是指出苗后 35 天和 45 天成熟。种子袋上标明：生长中如遇到连续 3 天最低温度低于 15℃的气候，会发生未熟抽薹现象，说明其抗抽薹能力有限。所以，首先在佃坝乡试种时，将播种期定在 6 月中旬。在 2003—2004 两年，试种效果良好，两种早熟大白菜在 8 月初至 8 月中收获时，单株重量分别为 1.5 千克和 2.5 千克，其品质不亚于当时畅销的韩国品种"春大将"。当东沟村干部前来购买种子时，经销商也明确告知了这些栽培要点。2004 年 6 月 20 日昌吉地区受到寒流侵袭，出现了连续低温的天气，最低温度降至 7~8℃，包括佃坝乡最初的种植户也出现了全面抽薹开花的现象。

心得小结　当年驻村干部热心为群众办事的精神值得点赞。但是那里不是老菜区，我应邀向种植户们解释大白菜遇低温会发生春化作用而未熟抽薹时，群众的阻力很大。本案说明，即使是试种成功的品种，也不能保证年年成功，这就是种菜的特殊性和复杂性。

DA11　2009 年 9 月　农 7 师 123 团 4 连大白菜不包心投诉案

案情摘要　2009 年 9 月，新疆农林司法鉴定中心指派我们到农 7 师 123 团 4 连对种植户刘某投诉"德高 1 号"大白菜不包心问题进行现场勘验。刘某种植 4.2 公顷大白菜，前茬小麦，7 月 22—25 日播种，菜地为沙壤土，田间大白菜植株表现严重缺肥症状，叶色浅，外叶局部黄化，植株不包心或叶球松散。其中，地块东面的"德高 1 号"的心叶叶缘干焦，出现火烧状。但西面的"德高 108"就极少发生这种现象。田间有很多个体较小的大白菜植株，说明该地块出苗的时间拖得很长。对照种子袋上的说明，两个品种大白菜植株性状较一致，无变异株和缺苗，说明不是种子质量的问题。

勘验时看到，田间有两袋滴灌用的硫酸镁，其正面划开了五六道口子，放在水口上冲施。东面大白菜植株上的伤害症状明显高于西面。由此认定，刘某缺乏生产经验，误将硫酸镁当作复合肥来使用。由于缺肥及过多的硫酸镁，导致大白菜生长不良。

技术分析　我们咨询了新疆农业科学院的土壤肥料专家。他们一致认为，新疆的土壤不缺镁，如果镁离子过多还有害，这是早有定论的。有专家还指出："土壤中有较高镁离子后，可使土壤胶体变成镁质胶体，从而形成代换性很高的镁，不但恶化了土壤水分物理性状（如土壤硬实，透水性差），还会对作物产生毒害"（许志坤，《焉耆盆地镁质盐渍土的研究》，1981年7月）。种植户刘某误用硫酸镁是大白菜不包心的主要原因。专家们还指出，123团属轻盐碱地区，在此推销硫酸镁是既不科学又不负责的行为。

心得小结　农业生产中有许多意想不到的怪事。这在初次从事农业生产的经营者中，类似的事故时有发生。

DA12　2015年7月　乌鲁木齐米东区塑料大棚娃娃菜灾情评估案

案情摘要　2015年7月，受乌鲁木齐市米东区农业局委托，我们对该区三道坝镇某养殖合作社的塑料大棚娃娃菜受灾的灾情进行勘验。该养殖合作社以蔬菜生产为副业，当年有77座塑料大棚种植娃娃菜。大棚规格为8米×55米，3.5米高，镀锌薄壁钢管架材。4月16—20日在大棚内播种济南某公司出品的"金首尔"娃娃菜种子，起垄滴灌栽培，双行条播，60厘米沟距，定苗株距15~20厘米。气温升高后于5月8—12日揭去棚膜。据米东区气象站记载，6月9日当地出现强对流天气，10分钟内降雨6毫米，1小时内降雨13.1毫米。同时还下了2~3分钟的冰雹，瞬时风力达到20.4米/秒，地面积水严重。此后，娃娃菜发生严重软腐病。

技术分析　6月9日出现灾害性天气时，正值娃娃菜营养生长旺盛的"莲座期"。据技术员张某称，冰雹是豌豆大小的"雪弹子"。密集的"雪弹子"和强降雨会给含水量95%以上的菜叶表面造成许多机械损伤，为软腐病菌入侵提供了大量伤口。当年6月米东区气温比历年同期高0.3℃，其中上旬偏低0.2℃、中旬偏低0.8℃，而下旬则比同期高出1.8℃。这种异常的灾害性气候使娃娃菜软腐病蔓延迅速，导致绝收。

心得小结　编者收录本案的目的是建议保护地蔬菜种植户或单位要重视农业保险。这家以蔬菜生产为副业的牛羊养殖合作社，能购买农业保险是值得点赞的。

第二节　B 小白菜

小白菜又称普通白菜，青菜、油菜等，它与大白菜的主要区别是叶片开张、植株较矮小，不包心（结球），多数品种叶片光滑，叶柄明显，无叶翼。在北方地区种植小白菜要注意品种选择，防止未熟抽薹。

DB01　1994年5月　吐鲁番市亚尔乡"苏州青"小白菜抽薹开花

案情摘要　1994年5月，受吐鲁番市种子管理站委托，我们来到吐鲁番市郊亚尔乡，对马某、阿某、杨某等各族菜农投诉的"苏州青"小白菜未熟抽薹现象进行现场勘验。1993年当地种子公司向石河子某农业院校订购一批西葫芦良种种子，不料当年因石河子暴雨成灾而失收。该校推荐以"苏州青"小白菜的种子顶替。吐鲁番盆地是新疆重要的早熟小白菜产区，以往主栽品种是比较抗寒耐抽薹的"黑油白菜"。种子公司经理得知"苏州青"是优良品种，

1994年全面推广该品种。不料5月中旬临收获时，"苏州青"植株发生全面未熟抽薹而无法销售。此时，没有种植该品种的菜农都卖出了好价钱，于是引发了一起群体性投诉案件。面对愤怒的各族菜农，惹了祸的经理只好恳求道："请你们先别打我！把我打死了就没人给你们解决问题。"

技术分析 在新疆春季最早种植的小白菜品种就是"黑油白菜"。"苏州青"是来自长江流域的南方小白菜，其冬性远不及"黑油白菜"。该品种在北方适于作为间作补淡用，而不可在早春率先播种。1994年早春吐鲁番盆地寒流频发，4月上旬出现了旬均温低于1.5℃的低温天气，很快满足了小白菜通过春化作用的低温条件，因而迅速抽薹开花。同年，吐鲁番也出现早甘蓝包心不良的重大生产事故（参见EA03），也是同样原因。

心得小结 发生这起案件很冤，因为供销双方都是懂专业的，却因一念之差造成巨大经济损失。这个教训是值得我们汲取的。

DB02 2016年3月 托克逊县博斯坦乡小白菜种子质量投诉案

案情摘要 2016年3月，受托克逊县种子管理站委托，我们到该县博斯坦乡吉格代村2队处理田某及武某两户小白菜种子质量投诉案。投诉的"油白菜"种子是昌吉某种子公司出品的。田某在2015年12月下旬播种于温室；武某在2016年1月中旬播种于温室中。均为85米×7米的节能日光温室。播种后采光面的薄膜上，夜间均未覆盖保温帘被，因出现未熟抽薹现象提出种子质量投诉。

技术分析 现场勘验表明，田某的温室管理比较粗放，地表不平，肥力也不匀。温室中土质差的部位有少量小白菜抽薹，而温室中部土质较好、肥力较高的部位则抽薹甚少。武某播种较晚，温室内地力相对较匀，抽薹现象极少。根据小白菜的叶型、叶色及植株主要特征，未发现种子有质量问题。我们通过两家的现场对比指出，出现少量未熟抽薹与播种期、肥力较差及温度较低有关。

心得小结 在蔬菜生产新区，各族农民对不满意的种植结果都会提出投诉。采用现场对比，是解决问题的重要手段。

第一节　A 结球甘蓝

结球甘蓝又称洋白菜、包菜、卷心菜、莲花白等，是我国南北普遍栽培的蔬菜。其营养丰富，抗病性及抗虫性突出，因而栽培面积较大。结球甘蓝属于绿体（植株）春化型作物，在北方地区种植时应注意确定适宜的播种期，防止因低温使植株完成春化作用引起的未熟抽薹开花和不完全春化带来的结球不良。

EA01　1978 年 4 月　乌鲁木齐县红光公社早甘蓝假种子案

案情摘要　1978 年 4 月，新疆园艺学会在新疆农业科学院召开常务理事会时，乌鲁木齐县红光公社建新大队刚参加培训的技术员小刘手持菜苗闯入会场，请我们鉴别是否是新品种早甘蓝。该幼苗叶色翠绿，明显是油白菜幼苗。当年早甘蓝种子紧销，大队干部是托人转手买的，不料买来油白菜种子。

技术分析　甘蓝类蔬菜叶片是蓝绿色的，种子出土即可区别于白菜类。由于早甘蓝经济价值较高，在 20 世纪七八十年代，时常发生用黑油白菜（深绿色小白菜）或甘蓝型油菜种子冒充早甘蓝种子、使农户上当受骗的案件。

心得小结 该案充实了我的教材，我在讲课或农民培训时，特别强调不要购买来路不明或流动商贩的种子。

EA02 1986 年 5 月 乌鲁木齐县假"报春"早甘蓝种子案

案情摘要 1986 年 5 月，受乌鲁木齐县种子管理站委托，我们到该县七道湾乡等地对不包心的早甘蓝进行鉴定。该县某种子公司根据广告，从河南省泌阳县购进一批假"报春"早甘蓝种子，致使该县及吐鲁番两地约 4.7 公顷早甘蓝因不包心而绝收。据悉供种单位是一家"皮包公司"，受害的还有其他省区。我起初怀疑是否以甘蓝型油菜冒充早甘蓝，还建议请一名搞油菜育种的专家到场。田间勘验表明，这种不包心的甘蓝植株，其部分叶片及膨大的茎部和球茎甘蓝类似，从而确定是它们之间天然杂交的结果。

技术分析 我们讲的卷心菜是甘蓝（*Brassica olerecea* L.）演变的变种——结球甘蓝（var. *capitata* L.），它和球茎甘蓝（var. *caulrapa* DC.）、花椰菜（var. *botrytis* DC.）、青花菜（var. *italica* P.）、羽衣甘蓝（var. *acephala* DC.）、抱子甘蓝（var. *gemmifela* Zenk）等变种以及芥蓝（*B. alboglabra*）都容易发生天然杂交。因此，这些蔬菜作物采种时要特别注意隔离。

心得小结 早甘蓝"报春"是杂交一代品种，其制种技术繁杂、成本较高。但造假者售价特别低，是个明显破绽。因当事人疏忽，酿成了一起假种子绝收的案件。

EA03 1994 年 5 月 吐鲁番市艾丁湖乡早甘蓝抽薹开花案

案情摘要 1994 年 5 月，吐鲁番市艾丁湖乡种植的"中甘 11 号"早甘蓝发生未熟抽薹并开花的现象。应吐鲁番市农业局约请，我们到种植户马某的甘蓝地时，看到田间有零星的黄花（彩图 9），还有很多抽薹和未包心的甘蓝植株。往年，当地种植该品种效果很好。温室育苗播种期是 12 月 10 日。这里海拔−100 多米，是全国地势最低的菜地。当年 4 月上旬，因强冷空气入侵，气温剧烈下降。经调查，田间开花的植株占 3.1%，抽薹植株 3.6%，两者合计 6.7%。但是，田间已经卖出的早甘蓝则大大超过这个比例。

技术分析　这一年我们蔬菜教研室承担了吐鲁番市恰特喀勒乡某蔬菜基地（海拔−47 米）的技术工作。经多方调研，我们确定早甘蓝的播种期为 12 月 20 日，但因故推迟到 25 日才播种。当年该基地早甘蓝长得特别好，成为分析此案的对照田。此前，我们见过宁夏发生该品种同样问题的媒体报道，便向各族种植户介绍甘蓝通过春化作用的特点，说明定植后寒流入侵和育苗播种期过早是包心不良的原因。当时吐鲁番市的早甘蓝都采用塑料薄膜简易覆盖的栽培方式。当寒流侵袭时，薄膜覆盖的保温效果很有限。各族群众看了我们在吐鲁番种的甘蓝后，尽管不能完全听懂绿体春化等理论分析，但却完全信服。

心得体会　这一年在吐鲁番蔬菜基地进行技术服务时，恰好遇到 4 月上旬强冷空气入侵。我们用事实说明栽培原理非常到位。此后当地遇到这类问题时，各族群众总是点名要我们前去处理。

EA04　1995 年 5 月　吐鲁番市恰特喀勒乡温室早甘蓝先期抽薹案

案情摘要　1994 年昌吉州某农业开发中心在吐鲁番恰特喀勒乡（以下简称"恰乡"）修建了一座温室，用于秋后鉴定西瓜、甜瓜杂交一代种子的纯度。因生产季节温室闲置，该中心副主任郭某主动承包进行利用。尽管当年艾丁湖乡发生早甘蓝抽薹开花的生产事故，但因恰乡不是菜区，他们却一点不知。新疆农区地域辽阔，属于绿洲农业。我们同在一个乡，并不知道昌吉州在该乡建有温室。由于当地野兔甚多，昌吉州温室的早甘蓝在苗期就被野兔啃光。1995 年他们在做好防患野兔的工作后，又将育苗播种期提早到 11 月下旬。经过辛苦培育的早甘蓝幼苗，大部分赊销给该乡的一些维吾尔族干部。不料 4 月间，该乡技术员的温室首先发现未熟抽薹现象。当邀请我前往勘验时，我请本校的维吾尔族老师用维文写了"春化作用"一词的纸条。

技术分析　当地种植昌吉州赊销苗的种植户们请在内地当过兵的武装部长做翻译。由于我的维吾尔语很有限，便将写有"春化作用"的字条交给这位部长。当他念出"雅鲁扎西亚"后，居然说不懂这个意思。他又念了一遍后，我听出这是俄语的"春化作用"。在维吾尔语的科技名词中，大量使用国际通用的、汉语及俄语的名词发音。这下子可麻烦了，我们和一般汉族人都讲不清楚的春化作用的理论，如今却要和维吾尔族种植户解释，确实真有困难。

午餐时间到了，我见墙上"扫黄打非"的标语突然来了灵感：用黄色录像比作强寒流，用儿童比喻一定大小的甘蓝苗。于是我用维吾尔语夹杂汉语询问黄色录像对多大儿童会有毒害呢？老乡们说 5 岁。我手持筷子说，甘蓝幼苗长到这么粗，就像 5 岁儿童一样，寒流就像黄色录像就会带来危害，具体表现就是未熟抽薹。武装部长首先弄懂了这些道理，他转述给老乡们。老乡们听了他的讲述，最终"胡大（老天）呀！"一声叹息。后来，昌吉州某开发中心给这些种植户都进行了一定补贴。

心得小结　新疆属于绿洲农业区，早年信息闭塞，有时同地区发生的问题都不能及时交流和总结。而语言是沟通的桥梁，在少数民族地区从事技术工作需要学一些民族语言。我们在教学中都使用汉语，我会说一点维吾尔语，想不到在关键时刻还真有用。

EA05　2000 年 4 月　吐鲁番市郊早甘蓝大面积包心异常案

案情摘要　2000 年 4 月吐鲁番市再次发生早甘蓝大面积包心异常

的生产事故。随着蔬菜栽培面积扩大，自 1994 年以来，我在吐鲁番盆地又处理过几次早甘蓝因育苗过早或苗期受冷害，导致包心不良的类似投诉案件。这次早甘蓝包心不良现象在艾丁湖乡、亚尔乡及恰乡等地均有发生，但寒流没有 1994 年那么强。多数甘蓝处于不完全春化的"舒心"及"瞪眼"期。时任吐鲁番主管农业的托乎提副市长要我在鉴定后向各族群众做技术讲解。在市政府会议室，各乡的领导及各族种植户代表都到会了，他们纷纷发言说这是首次遇到早甘蓝包心不良的生产事故。当地媒体在报道该事故时，还提到供种地区的晚熟甘蓝种子有问题的新闻，令人认定种子一定有质量问题。

技术分析　我曾多次到吐鲁番盆地处理过早甘蓝包心不良的投诉，积累了相关的照片和资料。当恰乡的一位汉族干部发言说，这是他们头一次遇到这么严重的种子事故时，我立即将 1994 年与 1995 年发生在吐鲁番的早甘蓝包心不良及未熟抽薹及开花的照片向到会的干部、群众展示，说明当地早就发生过这类技术问题。我将寒流比作黄色录像，5 岁儿童比作一定大小的甘蓝幼苗，由此说明甘蓝是绿体春化型作物。在市政府翻译的协助下，到会的各族干部群众逐渐认识到，早甘蓝有严格的播种期以及定植后遭遇寒流侵袭的危害。

我还指出，当年早甘蓝包心不良主要属于不完全春化作用，表现为"瞪眼"和"舒心"两种现象。"瞪眼"是进入包心期后，因寒流带来的低温使包心中断，甘蓝的心叶形成一个空洞状；"舒心"则是刚开始包心就遇到低温，使早甘蓝的外叶呈开张的舒心状态。至于少数完成春化作用的早甘蓝，则分为开花、抽薹及"鸡心"3 种表现。开花及抽薹现象肉眼皆可看到，这是充分完成春化作用的结果；而"鸡心"现象是已形成的花薹在叶球内突起、使甘蓝叶球变形。听了这些技术分析后，吐鲁番市主管农业的托乎提副市长激动地说："原来您是菜田的法医啊！"

心得小结　通过对吐鲁番气象资料的分析，我们发现在塑料小棚简易覆盖的栽培条件下，早甘蓝定植后如出现≤2℃的旬均温，就会出现普遍包心不良；若定植后旬均温≤1.5℃，就会出现抽薹开花等完成春化作用的生产事故。

EA06　2010 年 4 月　吐鲁番市艾丁湖乡早甘蓝结球延晚案

案情摘要　2010 年 4 月，吐鲁番市艾丁湖乡库勒村农民种植河北大名县某种苗公司经销的"北农早生"早甘蓝。当地维吾尔族农民反映该品种结球时间比"8398"晚，影响了菜农收入。应吐鲁番市种子管理站邀请，我们前往该村勘验了库勒村 1 队及也木什村 7 队艾某、斯某及艾克某等 7 户农民共计 9 块的早甘蓝地，其中 3 块地是种植"8398"。

技术分析　田间勘验表明，"北农早生"早甘蓝的叶片大小、植株类型及包心特点确实属于早熟品种。村民们反映该品种比近年来种植的"8398"包心晚 5 天左右。经了解，该村所有早甘蓝幼苗均为育苗专业户艾某培育的，他自称播种期为 12 月 20—25 日。根据田间的植株表现，"8398"早甘蓝苗龄要比"北农早生"大一些。在村民阿某的甘蓝地头，还看到少部分植株已发生未熟抽薹现象。因此，我们认定"北农早生"的实际播种期要比"8398"晚。

2010 年春季吐鲁番盆地的气温比历年平均值低，因而各种农作物成熟期推迟。艾丁湖乡海拔-100 多米。一旦寒流入侵，冷空气必定在这里聚集。

心得小结　这是我最后一次到吐鲁番盆地处理早甘蓝包心不良的投诉。作为新疆"天然温室"的吐鲁番市，蔬菜生产发展较快，已逐渐形成了较强的专业科技人员队伍。

EA07　2010 年 8 月　霍城县 66 团"京丰 1 号"甘蓝田间腐烂案

案情摘要　2010 年 8 月 2 日，应霍城县人民法院委托，我们对农

4 师 66 团 4 连大面积结球甘蓝发生田间腐烂的原因进行鉴定。据介绍，4 连职工韩某、桂某、白某等人和伊犁某实业有限公司签订合同，种植了 66.7 公顷"京丰 1 号"中熟甘蓝。他们在 3 月 4 日开始育苗，5 月 1 日进行定植，叶球收获期应在 6 月底 7 月初并出口外销。由于公司方发生收购困难，7 月中旬该品种甘蓝在田间开始腐烂，给种植户带来很大的经济损失。

技术分析　在田间看到，甘蓝的栽培及品种纯度都没有问题，但由于未能及时收购，在夏季高温下，已包心的中熟甘蓝感染软腐病菌，腐烂率高达 81%。

心得小结　这是一起外向型的农业开发工作，由于某种原因招致失败，其教训也是沉痛的。

EA08　2017 年 6 月　乌苏市八十四户乡早甘蓝品种退化案

案情摘要　2017 年 6 月 1 日及 10 日，受乌苏市某农资经销部委托，我们来到该市八十四户乡五道桥村对该村种植户投诉的"8132"早甘蓝包心不良进行司法鉴定。种植户闫某、汪某、陈某等人从该市某农资经销部购买了河北省邢台市某种苗公司出品的"8132"早甘蓝种子，育苗后定植了 13.3 公顷，不料出现尖头叶球及包心推迟等现象。

6 月 1 日在现场，我们抽查了陈某等 12 户种植的"8132"早甘蓝。本应为圆球形叶球的，当年尖头叶球率平均达 35.3%，不包心率达 10.8%，特大叶球率达 4.2%，平均叶球重 1.27 千克，商品率达 89.2%。在当年气候下，扣小棚的效果并不明显，商品率为 88.9%；定植露地者商品率为 93.0%，但叶球重量小于扣小棚的。

技术分析　经 26 个样点抽样测产，当地扣小棚栽培的"8132"平均产量为 67.7 吨/公顷，定植露地的平均产量为 53.0 吨/公顷。而种植户鲍某同时栽种的"北农早生"产量为 87.7 吨/公顷。为了确定

"8132"是品种混杂还是退化,我们于 6 月 10 日再次走访种植户进行复查。我们认为,当年乌苏地区早甘蓝定植后气温偏低,"8132"品种早甘蓝成熟期推迟,表现出冬性退化明显,出现了较多的尖头叶球,这是品种退化和不完全春化作用的表现。"8132"是使用了几十年的老品种,目前已处于衰老阶段。和"中甘 11 号"相比,每亩平均减收343 元。

心得小结 农作物的选种工作好比推石磙子上坡,一旦放松,就会立马出现滑坡现象。一个优良品种在长期使用后,表现生长势、生活力和繁殖力下降是正常的品种衰老现象。

第二节　B 球茎甘蓝

球茎甘蓝别名苤蓝、茄莲。17 世纪传入我国,我国南北各地均有零星栽培。随着酱菜加工的发展,近年来面积有所扩大。球茎甘蓝是甘蓝的一个变种,因而在制种时要特别注意保持一定的隔离,以免和其他甘蓝的变种天然杂交。

EB01　1993 年 9 月　昌吉市佃坝乡球茎甘蓝长瘤及畸形案

案情摘要 1993 年 9 月,昌吉市佃坝乡种植"白苤蓝"球茎甘蓝,不料临收获时出现大面积球茎长瘤子及菠萝状畸形现象(彩图 10)。菠萝状畸形球茎内出现空心,完全失去商品价值。该种子系新疆某种业公司提供的"白苤蓝"品种。当出现前所未见的长瘤子及畸形球茎后,曾组织过专家鉴定,认为是生长期过长引起的。但是种植户们不接受。他们反映,当地种植"白苤蓝"的时间较短,而新疆本地的球茎甘蓝品种就没有这种异常现象。

技术分析　当我们进行现场勘验后，未发现种子质量有问题。但是，所谓生长期过长会引发畸形的结论与实际情况不符。我们认为，"白茎蓝"是华北地区的球茎甘蓝品种，对新疆大陆性气候不适应；同期种植的新疆当地品种"茄莲"就没有这种现象。由于定植后出现较强的寒流侵袭，出现不完全春化作用，球茎长瘤和菠萝状畸形就是异常表现，这和生长期长短无关。

心得小结　由于供种方不承认种子有质量问题，经销商认为是栽培问题，不承担责任，引起种植户们强烈不满。在我手术住院期间，有的种植户还到我家想讨个说法。我出院后耐心地向农户们解释，他们终于表示理解。当时国家还没有推广农作物新品种必须通过试种的规定，种植户们确实受到了一定的经济损失。

EB02　1999年9月　昌吉市二六工乡球茎甘蓝长瘤子畸形案

案情摘要　1999年9月，昌吉市二六工乡某户种植的球茎甘蓝秋后发生长瘤子的畸形球茎。应供种方新疆某种业公司约请，我们到现场勘验。该品种和1993年的"白茎蓝"不同，其球茎为高圆形，皮色较白，表面蜡粉较厚。时值收获季节，但很多球茎甘蓝因球茎长出数个凸起的瘤子而失去商品价值。不过，田间并未见到菠萝状的畸形球茎。该种植户系残疾人，栽培面积不大，种子公司承担了赔付责任。

技术分析　我认为该品种也是华北地区的球茎甘蓝品种，和前面的"白茎蓝"一样，对新疆大陆性气候不适应。当育苗或定植较早的情况下，生长到一定大小的幼苗，难免会遇到冷空气侵袭，形成了不完全春化作用的异常表现。当时公司负责人不承认是从华北引来的种子，后据其员工透露，我的分析是正确的。

心得小结　球茎甘蓝是一个栽培面积不大的小作物，相关研究资料较少。以上两起实例表明，从外地引种球茎甘蓝要考虑品种适应性问题。大面积生产酱菜原料时，如果从外地引种一定要特别小心，必须先通过试种或者坚持使用当地品种。

第三节　C 花椰菜

花椰菜是甘蓝的一个变种，其食用部分的花球是嫩花枝的原始体。花椰菜于 19 世纪中叶传入我国，如今在全国各地都有栽培。但是，在西北地区种植花椰菜要特别注意选择品种和确定适宜的育苗播种期。如品种选择不当，则不形成花球或花球质量很差。而且，在花椰菜形成花球后，要进行束叶，以保证花球的质量。在气候异常的年份，花椰菜结球不良，投诉案件较多。所以，有些种业公司称花椰菜是种子经营的"危险种类"。

EC01　1999 年 8 月　乌鲁木齐安宁渠西戈壁村花椰菜结球不良案

案情摘要　1999 年 8 月初，受乌鲁木齐县农技站委托，我们到该县安宁渠河西村，对张某投诉北京市某种业公司出品的"耶尔福"花椰菜种子结球不良问题进行鉴定。勘验表明，张某于 2 月中旬在简易温室播种育苗，4 月 15 日定植于塑料小棚中。由于棚膜被大风刮坏，花椰菜定植后苗期受到一定的冷害，致使花球松散、抽薹开花，从而失去商品价值。现场未发现种子有质量问题。

技术分析　据《中国农业百科全书·蔬菜》卷分册《各种蔬菜》（蒋先明主编，农业出版社，1989 年）第 49 页指出："花椰菜幼苗期生长适温为 20～25℃，莲座期生长适温 15～20℃，花球形成期 17～18℃，24～25℃花球形成受阻。花椰菜为低温长日照绿体春化植物。由叶丛生长转入花芽分化时必须有低温刺激。低温的范围是：极早熟品种 22~23℃，早熟品种 17~18℃，16~20 天完成；中熟品种最适 12℃，15~20 天完成；晚熟品种最适 5℃以下，30 天可完成。"种植户在小棚被风刮坏的情况下，不能保证"耶尔福"苗期需要的适宜温度条件，因而影响到花球的正常形成。

心得小结　本案中播种育苗季节及品种选择都是适宜的，但由于保护地设施受到大风的破坏，未能保证花椰菜所需的温度条件，从而影响了正常结球。

EC02　1999 年 8 月　乌鲁木齐安宁渠东戈壁村中熟花椰菜结球不良案

案情摘要　1999 年 8 月下旬，受乌鲁木齐县安宁渠工商管理所委托，我们对安宁渠东戈壁村苏某等村民投诉温州某种业公司的"龙丰 80 天"花椰菜种子在生产中发生结球不良问题进行技术鉴定。"龙丰 80 天"是杂交一代中熟品种，其花球比此前栽培的"瑞士雪球""耶尔福"等早熟品种大。可是，苏某等种植户却完全按照早熟花椰菜的季节和栽培措施来种植中熟的"龙丰 80 天"。他们普遍于 5 月下旬播种育苗，6 月底定植于露地，最终花球松散，严重影响商品品质。我们还勘验了关某、田某、马某等 8 家种植户的田间，种植其他中熟品种花椰菜的也同样出现花球松散现象。

技术分析　据有关蔬菜学专著介绍，花椰菜和甘蓝一样都属于绿体春化作物，幼苗要长到一定大小才能感受低温的影响。但通过春化作用的温度依品种而不同。而且中、晚熟品种通过春化的温度要低于早熟品种。特别要注意的是，中晚熟品种在温度超过 20℃时，易形成花枝松散的花球，产品质量降低。但早熟品种在温度高达 25℃时，仍能形成良好的花球。这是一般种植户都很容易忽视的大问题。

心得小结　当地工商部门热心为农民办事的精神值得点赞。但他们形成了"良种必定种出好产品"的概念。当我们细心解释后，他们都说："想不到种菜花还有这么复杂的科学道理！"

EC03　2000 年 6 月　昌吉市园艺场花椰菜花球发紫案

案情摘要　2000 年 6 月 5 日，昌吉市某国营种业公司拿来一个嫩花枝发紫的花椰菜花球，请我到昌吉市园艺场某队，对种植户郭某投诉"雪峰"花椰菜花球发紫现象进行技术分析。据介绍，当年 2 月中旬，郭某购买了该公司经销的、由香港某种业公司出品的"雪峰"种子。2 月 12 日在温室中播种育苗，4 月 24 日定植于露地，面积 467 米^2。当花球形成后，因出现花枝发紫现象提出投诉。现场看到，该菜地土壤结构良好，已开始收获部分产品，田间花椰菜植株的叶形、叶色等主要性状一致，但花球的嫩花枝上沉积了较多的紫色素。而且，田间见不到飞翔的蝴蝶，叶片上也无虫眼。

技术分析　这是我处理露地蔬菜种子质量投诉面积最小的一个案例。据说该种植户特别任性。为此，该种业公司特地请我来解决。《中国蔬菜栽培学》（第二版）第 514 页指出："紫花是花球临近成熟时，突然遇低温，糖苷转化为花青素所致。"由于当年晚春出现强冷空气入侵，因而市场上花椰菜的局部花枝上普遍有淡紫色。在周边花椰菜地中，花球背面的花枝也普遍有淡紫色。而郭某花枝上的紫色较浓，我认定他是打农药过多。

我首先和他拉家常，称他是种菜的老把式，接着表扬他病虫防治工作做得好，菜叶上连个虫眼也没有。郭某说他可没少打药。我请教他用药的情况，郭某列了敌敌畏等 3 种药剂。随后，我还顺便看了地头他用塑料中棚繁育的葡萄苗，称赞他技高价优，可谓丰收在望。此时，郭某的怨气已经消失大半。我指着相邻花椰菜地中飞舞的蝴蝶和叶片上醒目的毛毛虫（大菜粉蝶幼虫）对他说："这家菜花也有发紫现象，但不如你家的紫色浓，因为你打药比他多"。郭某急忙改口说："我可没打什么药！"我拿出笔记本上记录的 3 种药名，连他的妻子和大家都一起笑了。我说这是我几十年来处理的面积最小的投诉案件，说明种业公司对你的投诉非常重视，希望你也好好总结经验。

心得小结 在场几位年轻同行都赞同我的处理方法。他们认为，在掌握科学原理的情况下，也应该讲究细致的工作方法。

EC04 2012 年 7 月 乌鲁木齐安宁渠八段村花椰菜结球不良案

案情摘要 2012 年 7 月底，受信某等 7 家种植户委托，我们对他们种植在安宁渠八段村 3 队花椰菜结球不良投诉案进行司法鉴定。该批"瑞盈"花椰菜种子系美国孟山都种子公司出品，种植户们于 4 月上旬在温室播种育苗，5 月初定植于田间，株行距 40 厘米×45 厘米，保苗 3 700 株/亩，总面积 6.4 公顷。不料随后出现不结球、花球松散、起毛、发黄和花球上长小叶的异常现象。

勘验表明，"瑞盈"花椰菜生长势强，整齐度高，叶片较直立，蜡质层厚，符合品种介绍。该品种他们前一年已种过，是在 3 月中旬播种育苗，4 月 18 日定植，6 月 15 日前后花球成熟，表现良好。我们在各地块随机抽取 15 个样点，每个样点抽查 100 株，结球率最高的为 44%，最低的只有 7%。此时种植户梁某称，他在地窝铺乡宣仁墩 3 队种植的多个花椰菜品种都结球良好。我们不信，立即驱车前往查看。第二现场种植有"四季雪"及"雪飞"等品种，4 月上旬播种，5 月 7 日定植。在"雪飞"的地块中，结球率仅有 15%。梁某在田间只找到 1 个花球送给司机，说明他说的并不属实。

技术分析 两处现场勘验表明，任何品种的花椰菜都难以在炎热的季节形成花球。要进行反季节栽培必须在凉爽的山区进行。种植户误以为推迟播种期就能收获到价值较高的反季节产品，说明他们不了解花椰菜的特性。当我们随后到南疆处理另一案件时，信某等人又通过乌鲁木齐电视台"大事小事"栏目表达了对鉴定结论的质疑。新疆农林牧司法鉴定中心李主任做了科学而到位的答复。

心得小结　本案实质是种植户看到炎热季节花椰菜价格好，就采用推迟播种期的办法想实现反季节生产，结果事与愿违。这种现象在初次从事农业生产的承包人中相当普遍。

第四节　D 青花菜

青花菜俗称西兰花，又称绿菜花，是甘蓝的一个变种，以肥嫩的花梗和花蕾组成的绿色花球为产品。青花菜营养丰富，风味独特，其栽培历史却很短。大约在 19 世纪末或 20 世纪初才传入我国，最初仅有零星栽培。改革开放以来，青花菜成为国内栽培面积发展最快的蔬菜。

ED01　2007 年 7 月　乌鲁木齐畜牧厅种畜场青花菜投诉案

案情摘要　2007 年 7 月初，受乌鲁木齐县种子管理站委托，我们来到乌鲁木齐市郊新疆畜牧厅种畜场长胜 5 队，对该场种植户投诉日本进口的"绿辉"青花菜种子的质量问题进行勘验。种植户们在 4 月中旬至 5 月下旬在温室中播种育苗，5 月中旬至 6 月下旬陆续定植露地。当年开春后寒流频繁入侵，青花菜花球质量普遍比较差，种植户投诉种子有质量问题。

技术分析　现场勘验表明，"绿辉"青花菜的叶形、蜡粉特征、花球性状及颜色等主体性状是一致的，未发现种子质量存在问题。花球质量不良的原因是受寒流侵袭的影响。据《中国农业百科全书·蔬菜》卷分册《各种蔬菜》第 52 页指出：青花菜"生长发育适温 20～22℃""从叶片生长转变为花球形成需要有相当大小的植株和一定的低温。早熟品种茎直径达到 3.5 毫米，10~17℃，20 天完成春化；中熟品种茎直径达到 10 毫米，5~10℃，20 天完成春化。花球品质和产量依赖于营养生长状况，当植株营养生长不良，过早完成春化时，对花球形成不利。"

"绿辉"属中早熟青花菜品种，我们认为其感受低温春化的植株大小和温度范围应介于上述两者之间。当年该地在 5 月中下旬至 6 月上旬期间，青花菜幼苗遇到比往年较低的温度。而且该队地势较高，较早完成春化反而不利于花球的形成。

在田间我们随机抽查了 606 株青花菜植株。早期 4 月 17 日播种育苗、5 月 15 日定植的，异常花球占 2.3%、正常植株占 60.1%、未结花球植株占 37.6%；晚期育苗者 5 月 25 日播种、6 月 20 日定植，异常花球占 21.6%、正常植株 2.0%、未结花球植株 76.4%。由此可见，育苗过晚的花椰菜幼苗，没有所需的低温条件，也不能形成正常的花球。由此说明花球形成的优劣与种子质量无直接联系。

心得小结　在北方露地栽培青花菜，定植后如出现频繁寒流或强寒流侵袭，其花球质量必然受到影响。由此出现的种子质量投诉也必然相应增多。解决这类投诉除了认真勘验之外，还要取得田间调查的翔实数据，才能确定是否有栽培技术问题。

ED02　2012 年 7 月　农 12 师三坪农场青花菜 "夹叶花球" 案

案情摘要　2012 年 7 月中旬，受新疆某种业公司委托，我们到乌鲁木齐市郊农 12 师三坪农场 5 队，处理一起青花菜 "夹叶花球" 投诉案。该场有位承包户首次种青花菜就雇人种了 1.7 公顷。品种为台湾某种业公司出品的 "佳绿"。他买了种子后委托他人育苗，5 月初定植。结果在田间大量青花菜的花球中，普遍长出数个细长的叶子——"夹叶花球"，从而失去了商品价值。

技术分析　该现象以往未见文字报道，当时我在新出版的《中国蔬菜栽培学》（第二版）第 515 页中有关花椰菜的章节中看到有 "夹叶花球" 的叙述。该书指出，该现象是花椰菜幼苗定植后缺少一段较低温度而遇到高温的结果。可是，使用同品种青花菜种子的其他种植户却没有发生这种异常现象。现场看到，田间土壤的肥力较低，该农场副场长也证实有机质含量<1.5%（老菜区普遍>3%）。同时，我发现田间竟然没有一只蝴蝶，青花菜叶片上也找不到一个虫眼。该承包户是雇人管理的，由此确定这是使用过量化学农药的结果。

心得小结 有些人看到蔬菜价格较好时就种菜，这些新手没有种菜经验，全凭雇人种植和管理，往往出现打药浓度偏高、次数较多的现象。这从菜叶上没有虫眼就可判断。

ED03　2017 年 8 月　内蒙古太仆寺旗千金沟镇青花菜假种子案

案情摘要 2017 年 8 月 24 日，受内蒙古太仆寺旗农牧业和生态保护局执法大队约请，我们来到该旗千金沟镇沟门村，对吴某等 10 家种植户投诉 "耐寒优秀" 青花菜品种的真实性进行鉴定。

据介绍，该批 "耐寒优秀" 青花菜种子是吴某从河北沽源县高山堡镇陈某处购买的，陈某还承诺回收产品。种植户们在当年 5 月初至 6 月初播种育苗，6 月初至 7 月初定植，株行距 40 厘米×50 厘米。沟门村是半山区蔬菜生产基地，种植户们均有多年的蔬菜生产经验。菜田土壤肥沃，管理水平较高，田间无杂草，无明显病虫为害，除部分农户有重茬外，勘验中未发现种植户们在栽培管理中的技术失误。我们在该村的 4、5、6 队检查了 8 家种植户的地块，涉案种子的花球异常表现相同。其中，种植户张某同时间还种植了从沽源县种业部门购买的 "耐寒优秀" 种子生产的青花菜，其花球鲜绿，符合品种介绍和市场需求。

技术分析 现场勘验表明，从陈某购买的 "耐寒优秀" 青花菜种子，无论是早育苗定植的，还是晚育苗定植的，其花球都有颜色异常现象。因此，花球颜色异常和环境因素无关。由于销售困难，供种者陈某拒收或以极低的处理价回收，给种植户们造成严重的经济损失。

涉案的青花菜种子袋正面文字仅有"一代交配　耐寒优秀　青花菜"的文字。随后标注了英文的净重、批号和种子处理（福美双种衣剂），而没有产地、经销商、生产日期及批号、进口种子审批文号及种子经营许可证文号，严重违反了我国对销售进口农作物种子的规定。令人不解的是，标签上英文的"处理"TRETMENT 一词竟然误写为 TREAMONT；"种衣剂"DUSTER 被误写为 DUSTEO。这些英文常用词的拼写错误，从侧面暴露出经销不真实种子的仓促与疏忽。

经查，日本进口的"耐寒优秀"青花菜花球为"鲜绿色"。张某种植该批种子的结果和文字说明一致；而陈某来路不明的青花菜种子，结球后颜色异常。《中华人民共和国种子法》第四十九条指出："种子种类、品种与标签标注的内容不符或没有标签的"为假种子。

心得小结　当某种农作物进口种子受到欢迎时，往往同时伴随着假劣种子的危害。

第六章
绿叶菜类
（代号 F）

第一节　A 菠　菜

菠菜原产亚洲西部的伊朗，至今已有 2 000 多年的栽培历史。菠菜是雌雄异株的风媒花作物。其植株有 4 种类型：绝对雄株、营养雄株、雌株及雌雄同株。其种子分为有刺及无刺两个变种，目前生产上主要使用无刺变种。菠菜特有的植物学性状，决定了它们容易天然杂交。

FA01　1992 年 12 月　乌鲁木齐县板房沟乡菠菜生长不良案

案情摘要　1992 年 12 月中旬，我们应乌鲁木齐县农业局约请，前往该县板房沟乡建新村，对赵某投诉该县某种业公司出品的"圆叶菠菜"生长不良进行现场勘验。该批菠菜种子于 10 月中旬播种于新建的温室内，65 米×7.5 米，土墙竹木结构，备有辅助加温火道。当地海拔 1 850 米，两个月后种植户发现，温室东面的菠菜生长良好，而温室中部的菠菜生长势就不及东面，而温室西面的菠菜植株明显变矮。种植户认为菠菜生长不整齐是种子质量的问题。

现场勘验表明，种植户反映的情况属实。我们在东、中和西部 3 处各随机抽查 20 株菠菜植株，测量其高度：东面平均高 22.6 厘米、中部平均高 19.4 厘米、西部平均高 14.8 厘米。

技术分析　经观察，赵某温室内的土壤肥力无明显差异，但该温室内的栽培床东面高、西面低。据赵某称，在建造温室时为浇水方便，有意形成一定坡度。当地处于天山北坡"逆温带"，虽然冬季逆温效应明显，但海拔偏高，夜温较低。而且，冷空气比重大，自然向低处流动。因此，菠菜生长不整齐的主要原因是，温室内地表不平，冷空气在低处聚集造成温度不均匀，导致植株生长量有较明显的差别。

心得小结　种植户建温室时，没有认真执行技术要求，以致温室内栽培床东高西低，形成较大坡度而造成温度不匀，使菠菜植株生长量形成明显差别。这是温室内小气候差别的典型案例。

FA02　1993 年 2 月　昌吉市大西渠乡某炮旅农场温室菠菜不出苗

案情摘要　1993 年 2 月，应新疆军区某炮旅后勤部约请，我们前往昌吉市郊大西渠乡炮旅农场检查温室菠菜不出苗的原因。该农场于 1992 年秋季赶建了 6 座土墙竹木结构温室（50 米×8 米），其中一间温室内在 1993 年元旦播种了 3 千克无刺菠菜种子。该种子是场长从农贸市场上买的散装种子，品种不详。新建温室的前茬为萝卜，菠菜种子播种后温室中连一株苗也未出，怀疑该批种子无生活力。

技术分析　我没见过菠菜不出苗的案例，设想了各种可能使菠菜失去发芽力的因素，但都没有适宜的答案。在调查中，战士小韩反映了一个重要情况：有一天晚上他到温室加煤时，看到有老鼠在刨他们播下的菠菜籽。他还说温室木梁上嬉戏的老鼠有一次还双双砸在他肩上。于是，我怀疑是老鼠将播下的菠菜种子全刨走了。我们分别在各个栽培床表土中寻找菠菜种子，结果一粒也没有找到。原来，兴建温室后，原先地头的老鼠缺乏过冬食物，就将菠菜种子全刨走了。

心得小结　本案是我从业以来遇到的首个种菜受到鼠害的案例。新疆昌吉州历来是鼠害非常猖獗的地区。在三年自然灾害期间，当地一些汉族农民纷纷到粮食地头挖老鼠洞，将老鼠储备的粮食挖出来充饥。此后，有些农民就通过挖老鼠洞用来贴补生活。

FA03　2011 年 4 月　吐鲁番市郊亚尔乡菠菜先期抽薹案

案情摘要　2011 年 4 月底，应吐鲁番市种子管理站约请，我们对该市亚尔乡亚尔巴西村阿某等 3 户农民投诉内蒙古某种子商行出品的"春秋大叶菠菜"种子有质量问题进行勘验。该菠菜在当年 2 月 19—22 日播种，底肥为 750 千克/公顷复合肥，播后随之覆盖塑料薄膜。3 月 31 日前揭去薄膜，4 月 10 日浇头水，不料苗期很快就发生未熟抽薹现象。

技术分析　现场勘验未发现种植户有不当的栽培措施，但田间菠菜植株无主体性状，其叶形以尖叶为主。这和种子袋上标注的"叶呈长椭圆形，尖端钝圆，叶片肥大""纯度≥92%，净度≥97%"的文字介绍不符。检查未开封种子袋内的种子，其中杂质及不饱满的嫩小种子较多，而且部分种子为有刺菠菜，纯度及净度均不达标。

心得小结　根据《中华人民共和国种子法》关于假种子的有关规定，该批菠菜种子属于假种子。

FA04　2016 年 7 月　乌鲁木齐县甘沟乡菠菜未熟抽薹案

案情摘要　2016 年 7 月 24 日，应乌鲁木齐某种子商行约请，我们到乌鲁木齐县甘沟乡分析"直立耐热王黑强"菠菜未熟抽薹的原因。现场地处甘沟乡入口，种植户为退休干部王某。当年 5 月她在该种子商行购买了由石家庄市某种业贸易有限公司经销的"直立耐热王黑强"荷兰进口菠菜（杂交一代）种子。6 月 1 日播种了一批，6 月 5 日又播种了一批，共 1.53 公顷。该地前茬为牧草，土壤结构良好，肥力中等，王某称当地海拔 1 600 多米，但我记得应该是 1 800 多米。20

世纪 90 年代，我为驻疆部队从事温室大棚种菜的技术服务工作时，曾考虑在当地驻军的甘沟营区修建温室，因该地超过逆温带的海拔上限 1 800 米而未进行。

现场看到的"直立耐热王黑强"菠菜生长良好，但已错过了最佳采收期，植株已发生未熟抽薹现象。据介绍，当 7 月中菠菜长到 20 多厘米、可以卖 0.35 元/千克时她没舍得卖，又让菠菜长了几天，结果大量菠菜植株开始未熟抽薹就卖不成了。我在田间采了一些菠菜带回家吃，品质非常好。

技术分析　从荷兰进口的菠菜虽然品质好，但在海拔较高、夜温较冷凉的环境下，容易发生未熟抽薹现象。此后种植户又在海拔低一些的南郊某处接着播种一茬，又看到抽薹现象，就跑到种子商行索赔。菠菜是长日照作物，王某种植的是夏菠菜，并且是在国内日照时间最长的新疆山区种植，属于高风险栽培方式，收获要趁早。而且，夏菠菜不可能像秋菠菜那样长得很高才采收。

菠菜是雌雄异株的风媒花作物。一般菠菜品种的雌、雄株比例是各占一半的。蔬菜学又把它们分为绝对雄株、营养雄株、雌株和雌雄同株共 4 种类型。一般菠菜的雄株群体中有少量的绝对雄株，其叶片小而少，很早就抽薹开花，没有食用价值。在现场我没有找到 1 株绝对雄株，说明该品种的种子质量较好。由于菠菜刚抽薹还未开花，无法估算各类菠菜的比例。本案未熟抽薹现象是未及时采收的结果。我还指出，如种植户不信，可在温室内再播一茬便知。

心得小结　有些人认为，耐抽薹的品种就是永不抽薹的，这是认识上的误区。

第二节　B 莴　笋

莴笋又称茎用莴苣，原产于地中海沿岸。莴笋是中国的特产，是我国劳动人民通过长期栽培，从莴苣中选出能形成肉质嫩茎的变种。在北方长日照地区，莴笋未熟抽薹也是生产中常见的种植问题。

案情摘要 2001 年 8 月 2 日，应昌吉市种子管理站约请，我们来到该市城郊乡两个村，就种植户们种植的莴笋发生全面未熟抽薹现象进行技术鉴定。种植户马某、张某等人通过昌吉市种子站购买了乌鲁木齐某种子公司出品的"白尖叶莴笋"种子，2 月中旬在温室中育苗，有的 3 月中旬还在温室或大棚中分苗 1 次，4 月中旬定植露地，地膜覆盖栽培。田间种植株行距为 30 厘米×35 厘米。菜田田间土壤结构良好，肥力中上。现场看到，该批莴笋所有植株都发生未熟抽薹现象。田间未发现有使用激素类药物的痕迹，真是罕见的生产事故。

技术分析 该批莴笋圆叶型，当我询问种植户种子为何种颜色？答曰灰白色。我非常惊奇，因为一般莴笋种子以黑色居多，我怀疑是叶用莴苣，也就是种成生菜了。当我们和种子生产单位沟通后真相大白。原来该批种子是 20 世纪末某种子公司为台湾某种业公司繁育的莴苣（生菜）种子，因工作失误将莴苣（生菜）种子当作白尖叶莴笋种子发出。1997 年该公司已通知昌吉市种子站将该批莴苣（生菜）种子销毁。不料几年后却有一箱漏销毁的莴苣（生菜）种子被当作莴笋种子卖出了。

心得小结 古人云"人非圣贤，孰能无过。"过而改之，人皆知之。

第三节 C 芹 菜

芹菜有两种类型：中国芹菜（本芹）和西芹。本芹叶柄细长，长度 100 厘米左右，依颜色分为青芹和白芹，叶柄有实心和空心两种。西芹株高 60~80 厘米，叶柄肥厚而宽扁，多为实心，味淡，脆嫩，不及中国芹菜耐热，叶柄有青柄和黄柄两种类型。

FC01　1998 年 4 月　乌鲁木齐市 104 团西芹空心及未熟抽薹案

案情摘要　1998 年 4 月 9 日，应乌鲁木齐市农垦局约请，我们到104 团温室基地，对种植户冯某、陈某等投诉"高犹他"西芹出现大量叶柄空心问题进行现场勘验。这些种植户通过某公司购买了香港某种业公司出品的"高犹他"西芹种子，他们分别在 10 月下旬至 12 月上旬在温室内育苗，12 月下旬至翌年 2 月中旬在温室内定植。不料当西芹幼苗长大后发现其叶柄空心率较高。我们随机取 3 座温室，在每座温室中部连续观测 100 株西芹，发现平均空心率为 48.6%。叶柄空心的西芹植株未熟抽薹率也偏高。

技术分析　根据 6 户温室芹菜的生长情况，我们发现播种及定植时间的早晚对空心率及未熟抽薹率的影响并不明显。但受旱的陈某温室的抽薹率高达 80%，说明不良条件会促使芹菜植株从营养生长转向生殖生长。但是种植户们普遍认为，西芹都应该是实心的，否则就不是西芹。对此，我们并不赞同。

据《中国农业百科全书·蔬菜》卷分册《各种蔬菜》第 183 页有关西芹叶柄形状的介绍是"多为实心"，说明不能以实心来判断是否是西芹。到场的某公司陈经理说，香港的种业公司一般都在内地制种，这类西芹品种就有一定的空心率。勘验专家们认为，该批"高犹他"是质量较差的混杂种子，在温度条件不太好的 104 团温室群内进行早熟栽培，其未熟抽薹率较高也是必然的。

心得小结　一般群众判断专业问题和实质性往往是有一定差异的。农业科学中很多问题都有其一般性和特殊性，必须认真加以区分。

FC02　2001年7月　库尔勒市英下乡西芹未熟抽薹案

案情摘要　2001年7月中旬，受库尔勒市种子管理站委托，我们来到该市英下乡查明"文图拉"西芹未熟抽薹的原因。种植户李某购买了美国进口的"文图拉"西芹种子，在温室中栽培出现未熟抽薹现象。经勘验，李某在2月下旬播种，当年当地寒流频发，他的温室结构不良，塑料薄膜有较多破洞，因而温度较低。而且该温室供水不良，有一段时间还缺过水。该西芹品种未发现性状分离或品种混杂现象，也没有发芽率、含水量及净度等种子的质量问题。当我指出这些问题后，李某不信。我解释道，如果芹菜在任何时候都不会抽薹岂不断子绝孙吗？你的温室确实为西芹抽薹开花提供了不良的环境条件。

技术分析　西芹在环境不良的条件下自然从营养生长转向生殖生长。据《中国农业百科全书·蔬菜》卷分册《各种蔬菜》第183页指出：芹菜叶丛生长期的"适温18~24℃，遇5~10℃低温10天以上，抽薹。"西芹植株受冻及低温时间较长，都为其植株提供了通过春化作用的低温条件。

心得小结　新疆是典型的大陆性气候区，未熟抽薹现象是常见的蔬菜生产事故。很多人一旦看到蔬菜作物抽薹，就认为种子质量有问题，这是很片面的。

第四节　D芫　荽

芫荽又称香菜，是伞形科中以叶片及嫩茎为调料的蔬菜作物，全国各地皆有零星栽培。芫荽喜冷凉，生长适宜温度为15~18℃，属长日照作物。按其种子大小，芫荽可分为大粒类型和小粒类型。生产上普遍栽培的是小粒型芫荽。

FD01 2005 年 5 月 乌鲁木齐县青格达湖乡芫荽未熟抽薹案

案情摘要 2005 年 5 月上旬，应乌鲁木齐县种子管理站约请，我们到该县青格达湖乡 6 队，就村民种植的芫荽未熟抽薹进行技术分析。当年某公司声称要组织芫荽出口，造成当地芫荽种子一时供不应求。农资经销户张某从私人处购进尚未风干的约 8 千克芫荽种子，出售给村民，村民种植后很快发生未熟抽薹现象。

技术分析 一般做调料种植的芫荽属于小粒型品种，种子直径在 3 毫米左右；而大粒型芫荽的种子直径在 7~8 毫米。一般芫荽开白花，但该批芫荽开粉红色花，不是我们日常食用的香菜。好在面积较小，损失不大。

心得小结 令人好奇的是，哪来的这种大粒芫荽种子呢？据说在巴基斯坦等南亚国家是用来当药材和调料的，难道是进口的？

FD02 2018 年 7 月 乌鲁木齐市乌拉泊进口芫荽种子抽薹案

案情摘要 2018 年 7 月 11 日，应乌鲁木齐某种业公司约请，我来到乌鲁木齐南郊乌拉泊，处理种植户郭某提出的芫荽未熟抽薹投诉。该品种为意大利某种业公司出品的"雨季"芫荽。该地前茬为苜蓿，从 4 月初开始，郭某将芫荽种子每隔 1 周进行分期播种，大面积栽培。在乌鲁木齐蔬菜市场上，他种的芫荽占有一定的比例。但在当年最炎热的季节出现了少数植株未熟抽薹现象。

技术分析 现场看到，郭某的芫荽地土壤结构一般、有机质较少，种芫荽主要靠追化肥。这和一般菜区零星种植的芫荽截然不同。经检查，田间的芫荽植株及叶片的形态一致，无品种混杂现象。仅在炎热季节出苗的芫荽植株有少量的抽薹现象，而且对产品的品质影响不大。

2018 年夏季，乌鲁木齐地区出现罕见的高温天气，芫荽生长适宜温度为 15~18℃，出现少量植株抽薹，是作物对不良环境的一种反应，和种子质量没有直接的联系。

心得小结　事后郭某还到该种业公司继续购买"雨季"芫荽种子，说明他完全接受我的技术分析。

第七章
瓜 类
——
（代号 G）

第一节　A 黄　瓜

黄瓜起源于印度北部，栽培历史悠久，其产量甚高，是我国最普遍栽培的瓜类蔬菜及设施园艺最重要的蔬菜之一。黄瓜是雌雄异花作物，其花芽分化特别早，花器官的性别比例和外界环境有一定的关系，而两性花是发育不良的畸形现象。

GA01　1978 年 5 月　乌鲁木齐县红旗公社头宫一队大棚黄瓜两性花

案情摘要　1978 年 5 月中旬，乌鲁木齐地区的塑料大棚黄瓜正进入结瓜期。乌鲁木齐县农业局召集有关农业科技人员前往红旗公社（现二宫乡）头宫一队（老北园春农贸市场），就该队有一座塑料大棚的黄瓜植株出现大量两性花现象进行技术分析。该大棚中间的水沟中，扔满了畸形的两性花黄瓜。这种畸形瓜的端部为白色的瘤状突起，果实短缩呈卵圆形，无食用价值。生产队技术员张某说黄瓜品种是"汶上刺瓜"，由他负责育苗，相邻的另一座大棚也是同时定植的。但是，那座大棚则完全没有两性花畸形瓜。

技术分析　当我们走出塑料大棚后看到，两座大棚的塑料薄膜颜色大不一样。发生两性花畸形瓜的棚膜是本地产的白色透明的聚乙烯薄膜；而另一座大棚棚膜却是淡蓝色的进口薄膜。我建议找薄膜生产厂家来协商，因为问题一定出在薄膜的配方上。塑料薄膜在加工时，都要在原料中加入增塑剂、延展剂等多种化学物质，这些配方各厂家都是严格保密的。一旦加入的化学物质随薄膜的水滴落在黄瓜幼苗生长点上，就会影响其花芽分化。

心得小结　此后，新疆的一些地州也反映过黄瓜幼苗苗期受不明原因的伤害问题。有了这个实例，为分析问题多了一条思路。

GA02　1988 年 4 月　新疆农业科学院老温室黄瓜幼苗叶缘发黄

案情摘要　1988 年 4 月，新疆农科院园艺所的同行朋友邀我为该院老温室内的黄瓜幼苗叶缘发黄进行会诊。这是位于公路边的老旧温室，品种为"汶上刺瓜"。该温室内的黄瓜幼苗从第一片真叶展开后，就发生叶缘发黄。经病理学检测，未分离出致病菌。现场的加温火道也未发现有煤气泄漏的可能。现场还看到，早期播种的黄瓜幼苗叶缘，已形成干燥的黄边。同时，我闻到一股禽粪发酵的氨气味。原来该温室育苗前曾放养过一大批鸭子。我怀疑是禽粪发酵产生的氨气给黄瓜幼苗造成了伤害。

技术分析　有关氨气对农作物的不良影响早有报道。温室是相对密闭的空间，禽粪发酵产生的有害气体不易散逸。使用仪器来测定温室内微量氨气又比较麻烦。我认为，随着气温升高和加大通风，氨气浓度自然会越来越淡，其症状必定会逐渐消失，对幼苗生长发育的影响也就逐渐微弱。此后的情况完全符合我的判断。

心得小结　农业生产中有很多问题需要测定才能定性，但往往又是很麻烦的。我们可采用推断法来分析，本案就是一个例证。此后，有些温室厂家推销既可种菜又可养殖禽畜的"综合棚"，我多次提出质疑。

1999 年南疆某温室基地曾大力倡导在蔬菜温室中养猪，作为安定外地民工的措施。我在指导学生生产实习时，也曾据实提出氨气对蔬菜的伤害问题。实践证明，温室内种菜和养殖的矛盾是很难调和的。

GA03　1989 年 11 月　马兰基地勤务站温室黄瓜幼苗叶缘发黄

案情摘要　1989 年 11 月，马兰基地庆祝成立 30 周年，参加庆祝的自治区领导带来了该基地希望对部队农副业生产进行技术支持的要求，并将该任务交给新疆八一农学院。我和园艺系教师首次前往马兰考察时，在勤务站温室中看到试种的黄瓜幼苗的叶缘有异常的黄色。这种症状既不像前面禽粪发酵的氨气危害，也不像某种病害的初期症状。我怀疑该温室有煤气泄漏的可能。

技术分析　该站的温室是用旧花房改造的育苗温室。为了进行辅助加温，他们将生铁煤炉接上弯弯曲曲的铁皮火道，出烟明显不畅。而且，基地使用的燃煤煤焦油含量很高，火道拐弯处可见到溢出的焦油。管理温室的战士李恒玉就住在温室的管理间内。我提醒他要特别注意预防煤气中毒，上床睡觉一定要将通往温室的门关紧。

心得体会　我的担心是对的，温室出烟不畅是煤气泄漏的隐患。1990 年 2 月，我带领首批学生到基地进行无偿科技拥军和生产实习时。前来接学生的军人中仅有一名战士就是李恒玉。他激动地告诉我，上次我怀疑温室煤气泄漏后的第三天，温室内的几百株黄瓜幼苗全遭煤气中毒而死亡。此后我每次来到基地，李恒玉都前来看望。即使到别处种温室蔬菜，他也牢记煤气中毒的教训。

GA04　1991 年 2 月　马兰基地勤务站及医院温室黄瓜幼苗死秧

案情摘要　1991 年 2 月，因当年是闰年，为抢季节我们牺牲春节假期在军营进行蔬菜育苗。当年基地的黄瓜品种全是"山东刺瓜"。我们在浸种催芽后，将种子点播在装满锯末的育苗盘内。当黄瓜出苗、子叶开张后，再移入育苗袋中。不料刚刚完成移苗工序迎接春节时，接连发生勤务站和医院两处温室黄瓜全面死秧的严重事故。此事对基地官兵和我们都是一次重大考验。我和部队干部立即来到现场勘验。勤务站是基地种菜的先进单位，而医院是刚修建温室初次种菜的新单位。在找到原因之前，我首先通知基地所有的育苗单位将多余的黄瓜幼苗全部保留好，以备补种用。

技术分析　面对这起重大事故，我首先肯定种子和技术措施都是一致和正确的，问题必定出在某个育苗环节上。我在核对勤务站各项育苗技术措施时，发现前一年实习学生为当年准备育苗的腐熟羊粪已被挪作大白菜追肥了。后勤部门是临时用汽油桶向当地老乡换了急需的羊粪。我仔细观察这些羊粪后发现，其上有暗褐色碱的结晶。进一步调查得知，这些羊粪是老乡从碱滩上的羊圈中取来的。所谓盐碱实际上是盐和碱两类化学物质。盐类是指氯化物盐类和硫酸盐类；而碱是指氢氧化物盐类。盐类多呈白色，容易识别，而碱类俗称黑碱，颜色较暗，不易被识别。

首次种菜的医院温室，是由两位退伍的勤务站战士承包的。幼苗的营养袋中可见未消化的麸皮。他们俩都有丰富的种菜经验，并不听从实习女生的劝告，由于当时没有腐熟的羊粪，竟然用生猪粪代替了。

两处黄瓜幼苗全面死秧的原因找到后，时值寒冬季节，找不到可用营养土。我和部队同志商量后，决定提前收获温室内的小白菜。将这些栽培床内的园土和死秧后倒出的营养土按 6：1 进行混合，装袋后连忙将各育苗点多余的黄瓜幼苗集中进行移栽。待两个单位的黄瓜幼苗补种完成时，我们迎来了平生在军营的第一个春节。节后，我根据育苗袋内缺少腐熟肥料的不足，不断进行叶面追肥。定植时这些补种的幼苗，已看不出经过了一场劫难。

心得小结　出现重大生产事故，对技术负责人的确是一个全面的考验。当时部队官兵和学生们都十分焦急。首先，我肯定技术路线没有错误，因为多数育苗点是成功的。其次，少数单位出问题必定有其原因，只要认真核实必定会找出来。再次，我曾考虑到部队育苗应比实际用量多出 15%，已做到有备无患。最后，在如何补救上，应该因地制宜采取可行的措施，尽量使损失降到最低程度。

GA05 1992 年 5 月 乌鲁木齐县水西沟乡大庙村黄瓜苗异常死秧

案情摘要 1992 年 5 月，乌鲁木齐县在水西沟乡推广温室黄瓜种植，大庙村老农苏某被选为示范户，县农技站负责全程技术指导，并派人蹲点。黄瓜品种为"汶上刺瓜"，不料在定植后进行蹲苗时，黄瓜幼苗出现莫名其妙的死秧。苏某怀疑控水蹲苗是农技站指导有误，应负全部责任。该站经过多次分析化验，排除了病菌的为害，但是找不出死秧原因，特请我前去勘验。

该温室栽培床宽 8 米，后墙上有通风口。时值春季，堵塞通风口的棉絮已去除。走道上设有加温火道，未发现有泄漏煤气的可能。当时黄瓜幼苗处于 4 片真叶期，死秧幼苗根系呈褐色，占总数的 6.7%。令人不解的是，死秧的幼苗零星而分散，没有任何规律可言。而且，还有继续增加的趋势。

技术分析 我在现场观察许久，一直找不到原因。就在我束手无策时，突然从后墙通风口看到院内养着许多鸡。我询问苏某是否使用了鸡粪？他说他刚施鸡粪时就被技术员发现，说是鸡粪会伤苗绝对不能用，并且一定要收回来。我又问他是翻地前还是翻地后撒粪，他说是翻地后撒粪。我立即产生疑问，鸡粪不像牛粪，鸡的个体排粪量较少，在鸡舍自然存积一段时间后，下面的鸡粪已腐熟，而表面的鸡粪还是生的。我搬家上楼房时，曾将门前一株耐寒苹果树送给邻居，不料第三年发现该苹果树已死亡，据称是邻居施了 4 只母鸡的鸡粪。由此我想到，在翻过的地里撒鸡粪，要全都收回很困难，难免有生鸡粪留在地里。而未腐熟的生鸡粪在蹲苗不浇水期间，会发酵产生有害物质而伤苗。于是，我蹲下挖几株死苗，每株的根部都有生鸡粪坨。我讲清道理后，请到场人员挖苗核实，结果验证了我的判断。种植户也对我的分析表示心服口服。

在现场我建议立即结束蹲苗，给每株幼苗适当浇一些温水，将鸡粪发酵产生的有害气体排出地面；同时注意加大通风量，将室内有害气体排出。我还安慰苏某，死了 6.7% 的幼苗不会影响产量，腾出的空间自然会被其他黄瓜植株利用。

心得小结　当年乌鲁木齐县南郊属贫困地区，政府将推广温室种菜作为科技扶贫的重要手段。苏某是示范户，他若试种温室黄瓜失败，必然会对当地发展温室蔬菜生产造成不良影响。

GA06　1992 年 6 月　乌鲁木齐县永丰乡黄瓜叶片畸形案

案情摘要　1992 年 6 月上旬，应乌鲁木齐县农技站邀请，我们到该县永丰乡对王某等村民投诉的黄瓜叶片生长异常进行勘验。黄瓜品种为"汶上刺瓜"，3 月下旬定植，此时温室黄瓜已采收了根瓜，植株普遍有 1.5 米高，腰瓜正在生长中。现场看到，很多黄瓜植株的叶片因异常生长而出现畸形。有些畸形的叶柄上方，叶片甚至卷曲成杯状。

经调查，该乡科技示范户张某购买了"坐果灵"激素后，其他种植户也纷纷效仿。可是当各家都用了"坐果灵"后，温室黄瓜的叶片普遍出现畸形。

技术分析　温室黄瓜在生产中不必使用保花保果药物。上述化学伤害症状显然是由激素药物"坐果灵"引起的。

心得小结　本案说明了一个事实：农村的科技示范户在技术上的举动，可能会有人效仿。然而，并非示范户的每项措施都是科学得当的。

GA07 1995年2月 马兰基地汽车团黄瓜育苗盘根系外翻

案情摘要 1995年2月，我组织毕业班学生到马兰基地进行蔬菜育苗实习。当年我们采用育苗盘点播，出苗后再移入营养袋育苗的措施。而育苗基质是将锯末煮沸半小时后经过清洗装盘，随后再点播催出芽的黄瓜种子。当时全基地均采用"山东刺瓜"种子。不料在农副业生产先进单位的汽车团温室内，育苗盘上竟出现了奇异的黄瓜根系外翻现象。也就是幼苗的根系不向下扎，而是呈波浪状出现在育苗盘锯末基质的表面。好在根系外翻的黄瓜小苗还有部分根系长在锯末表面，随之就移栽到育苗袋内，未见不良影响。

技术分析 经了解，该团官兵有长期的种菜经验，但有些措施却未按照技术要求执行。例如，我们要求将锯末煮沸半小时后用清水洗，战士们认为将锯末用开水烫一下就行，不必那么麻烦。原来，南疆地区用的主要是杨树的锯末，而北疆地区主要是用松树锯末。松树锯末中含有大量松脂类物质，对黄瓜幼苗的根系有忌避作用。过去该站使用杨树锯末，当年换成了松树锯末，仅用开水烫一下，其中的松脂类物质没有排出，产生了上述奇异现象。

心得小结 "细节决定成败"并非一句空话。本案中不同锯末的成分不同，对幼苗的影响就不同。任何技术措施都有其针对性，也都有例外。

GA08 1995年5月 和硕县某温室基地黄瓜"人造病毒"

案情摘要 1995年5月，我在马兰基地带学生实习时，学校尹校长和植物病理老师出差南疆，专程前来马兰看望实习师生。基地后勤部领导带领我们前往和硕县塔哈其乡某温室基地参观华北师傅指导种植的温室黄瓜。该温室群的黄瓜普遍生长良好，叶色深绿，说明正确使用了叶面肥。可是这位高薪聘请的师傅听说新疆农业大学校长前来参观，特地带我们到一间发生黄瓜叶片皱缩的温室内。当时有人说这不是黄瓜病毒病吗？该师傅就问校长："你们新疆农业大学会治病毒病吗？"校长说目前还不行。该师傅就说山东农业大学的范教授说病毒病是黄瓜的"癌症"，也没法治，但他个人已经摸索出治病毒病的办法。我请他将治好的黄瓜植株让我们看一下。该师傅又将我们领到另一间温室，其中黄瓜植株下半部分的叶片是类似病毒病的皱缩状，但上部已恢复正常。大家问他是如何治疗的，他说用自己配的药，令参观者佩服不已。我见状后和植物病理老师相对一笑，悄悄说了一句："这种病毒病不用治"，令参观者困惑不解。

技术分析　有位参观者细声问我："难道这病毒病是假的？"我说有些药害就会使叶片皱缩，出现类似病毒病的症状。当年我们刚到基地时，通讯团的实习学生就反映该团温室的黄瓜有病毒病。我检查后认定是药害，并指出药害是有时间性的，过一段时间药效淡化后，症状就自然消失了。为了避免管理温室的战士因打药不当受到追究，我建议学生配一些叶面肥，象征性地进行"打药治疗"。一周后黄瓜恢复正常，担任种植员的战士也非常感激。

心得小结　当年新疆聘请了很多华北某地的农民师傅指导温室蔬菜生产。他们的优点是能亲自动手建造温室并进行生产示范，但缺点是不能代替农业科技人员。农民师傅普遍文化不高，有个别人还喜欢用江湖小技来包装自己。

GA09　2005 年 5 月　新农职院智能温室黄瓜幼苗叶片异常

案情摘要　2005 年 5 月中旬，我到昌吉市新疆农业职业技术学院（简称"新农职院"）农业厅办的培训班讲课时，该学院智能温室中黄瓜幼苗叶片生长异常，因怀疑是某种传染病害，负责温室的赵老师异常焦急地找到我。这是中国和以色列在新疆开展农业合作项目的智能温室，其中种植的水果黄瓜（以色列提供的品种）叶缘出现异常的卷曲和某种斑块。经了解，这是实习学生喷洒农药之后出现的，我看后断定这是药害。但赵老师认为不可能，因为她反复核对过药物的配比无误。

技术分析　根据叶缘卷曲处遗留的蓝绿色斑块，我确定是药液蒸发后留下的瑞毒铜药斑。我告诉赵老师药害不会传染，而且过些日子就会消失。但她又追问为何药液配比正确还会出现药害呢？我说如果反复打药也会出现药害。此时她恍然大悟，因为她听学生说那天药液配多了，担心浪费就多打了几遍。原来，当天翻译请假，带实习的教师和以色列专家未能沟通好。专家说可以用蓝色的塑料桶来配药，某老师就误以为需要配一大桶药液。

心得小结　黄瓜对外界环境的异常反应非常敏感，不同的原因甚至会出现类似的症状。所以专业人员在分析时，既要细心调查，又要环顾四周深入了解各种可能出现的原因。

GA10　2006 年 2 月　乌鲁木齐县水西沟乡黄瓜幼苗生长异常案

案情摘要　2006 年春节期间，受值班的乌鲁木齐县领导委托，我们前往该县水西沟乡分析处理当地菜农反映黄瓜幼苗生长异常的原因。现场看到，黄瓜幼苗正处于 2~3 片真叶期，但是心叶微卷、并有宽窄不等的黄边。该县农技部门已将这种异常生长的幼苗进行病理检验，却未查出任何病原菌。

技术分析　我和乌鲁木齐市蔬菜所余所长经过多点调查后发现，凡是使用新棚膜种植户的黄瓜苗，该现象普遍较明显；而使用旧膜的农户就没有这种异常现象。当时该乡刚使用醋酸乙烯塑料膜不久，根据以往经验，我认为塑料薄膜中各种不明的添加剂会随着水滴落下，有可能导致黄瓜叶片生长异常。现场有位农民说，他也想到了这一点。他曾收集棚内新膜形成的水珠，并将它涂抹在黄瓜叶片上也出现了这种症状，但他拿不准是否是一种新的病害。由此我们认为，这是新塑料薄膜上水滴引起的化学伤害。因药害相对轻微，随着薄膜使用时间的延续和幼苗长大，症状就会自然消失。

心得小结 各种塑料薄膜和各厂家的薄膜，其添加剂配方是技术核心机密。添加剂形形色色、防不胜防。由此造成的黄瓜苗期化学伤害，症状都不严重，一般都可随着时间推移而自行痊愈。

第二节 B 冬 瓜

冬瓜是原产中国和印度的瓜类蔬菜，在我国栽培历史悠久。冬瓜产量高，并可贮运，但其种子有休眠期，而且种皮上的角质层较厚，生产中出现的事故主要是出苗不良及贮藏中的问题。

GB01 1995年3月初 马兰基地后勤管理处温室冬瓜不出苗

案情摘要 1994年马兰基地荣获全军最高建制的"农副业生产先进单位"后，后勤管理处自发赶建了一座温室，并购置了火炉进行蔬菜冬季栽培。该温室四周是围墙，以塑料薄膜为顶棚并作采光面。当年2月中旬冬瓜播种后，却迟迟不出苗。3月初我和学生进点实习时，随之被请到温室现场查看。该温室是采用附近农村已淘汰的"围圈式"结构，同时还播种了多种喜温性瓜类蔬菜，如冬瓜、苦瓜、丝瓜等都未出苗。室内只生长着较耐寒的菠菜及小白菜。

技术分析 该温室采光差，散热面大，记录本显示室内温度较低。当时是晴天上午11时半，现场测量10厘米地温仅10℃。而冬瓜种子对地温要求较高，≤15℃生长缓慢。经调查，冬瓜种子未进行热水烫种和催芽处理。所以，也不可能去除种皮上较厚的角质层。

心得小结 在北方种冬瓜出苗特别慢，播种前必须进行热水烫种的浸种处理。而且，其种皮有较厚的角质层，在催芽中必须每日用清水手搓（可用少许洗衣粉），洗去种皮角质层后才能顺利出芽。

GB02 2009年1月 阜康市郊某公司贮藏冬瓜严重腐烂

案情摘要 2008年9月，乌鲁木齐某商贸公司在阜康市头工镇魏某的土木结构菜库中贮藏了近千吨冬瓜，不料入冬后严重腐烂。而前一年公司在该菜库内试验性地贮藏了200吨冬瓜效果甚好，不料扩大贮藏数量后，因腐烂损失严重而提出诉讼。

技术分析 现场勘验看到，该土木结构贮藏库因融雪水漏到室内，造成墙壁淌水、地面积水和货架滴水。由于贮藏数量较大，来不及运出的冬瓜在室内空气湿度达到饱和的情况下很快发生腐烂。经调查，该贮藏库前一年新建时，屋面未发生漏水现象。由于屋面使用了劣质油毛毡，第二年就大量开裂，积雪融化后随之渗漏到库内。全国高等农业院校统编教材《蔬菜贮藏加工学》（华中农学院主编，农业出版社，1981年）第138页指出："南瓜和冬瓜可贮放在空屋或湿度较低的窖内，保持温度10℃左右，相对湿度70%~75%"。显然，窖内积水是冬瓜腐烂的主要原因。

心得小结 庭审时被告方以冬瓜贮藏中也会"出汗"进行狡辩，但和灾难性的漏水事故无法相提并论。我以"人也会出汗，但不会将人淹死"进行回应，不想引起到场人员大笑，法官只得敲槌制止。同时，对方说承认我是专家，但没有司法资质资格。2010年我得到"国家司法鉴定人"的培训机会，就参加自治区司法厅组织的学习和考试，并取得执业证书。

GB03　2016 年 11 月　乌鲁木齐市安宁渠大棚冬瓜贮藏严重腐烂

案情摘要　这是一起我们到达现场后谢绝鉴定的案例。当事人张某在乌鲁木齐市安宁渠 8 座塑料大棚中存放冬瓜约 1 000 吨，引发严重腐烂。张某声称不同品种之间差别甚大，请求鉴定种子质量问题。现场看到，张某是在塑料大棚的地面上贮藏冬瓜，棚内一片泥泞，难以行走，根本看不出不同品种的差别。

技术分析　该塑料大棚内没有起码的贮藏架材，使用多年的旧塑料薄膜已严重破裂。当降雪融化水灌入棚内后，冬瓜在低温和泥泞中存放必定全面腐烂。20 世纪末，乌鲁木齐市米东区农业局技术员郭忠海创造了使用日光温室进行冬瓜贮藏的先例。他每日开启薄膜上的通风活缝，调节室内温度和湿度，因而贮藏效果比一般窖内贮藏还要好，于是各地纷纷效仿。

心得小结　由于很多人把温室称为大棚，所以该贮藏户误以为可在塑料大棚内贮藏冬瓜，方遭此横祸。

第三节　C 南　瓜

本节介绍的南瓜，在分类上属于中国南瓜，有圆南瓜和长南瓜两个变种。我国北方各地以栽培长南瓜为主。

GC01　2005 年 8 月　乌鲁木齐县安宁渠镇南瓜不结瓜案

案情摘要　2005 年 8 月下旬，受乌鲁木齐县安宁渠镇政府委托，我们来到该镇河西村等地，对种植户们反映的"蜜本南瓜"不结瓜问题进行现场勘验。当地十几家种植户从两家种子经销商处分别购买了山西某种业公司出品的"蜜本南瓜"种子，在五一节前后点播于露地，种植总面积在 6.7 公顷以上。不料当年 8 月上旬，种植户就发现该品种南瓜不能正常结瓜。该事件通过媒体报道后，形成了群体性种子质量投诉案件。

经调查，"蜜本南瓜"的品种介绍就标明该品种属于晚熟品种，植株上雌花开放较晚。现场看到，当地群众是按照以往种植新疆农家品种"包子葫芦"的办法，希望在主蔓上获得长南瓜的产品。

技术分析 该品种南瓜种子袋上注明"生育期 120 天"，在当地应进行育苗后定植于露地才能收获。但种植户们沿用以往新疆长南瓜品种"包子葫芦"的播种期。而且，该品种以侧蔓结瓜为主，在田间管理中需进行相应的整枝打杈。经销商周某也种植了 1.3 公顷，同样也存在不结瓜问题。事后我再见到周某时，她说当地农户后来将"蜜本南瓜"育苗后定植，并进行整枝打杈，保留主蔓和两个侧蔓，坐瓜后摘心，单株平均可结瓜 4~5 个，说明还是很受欢迎的品种。

心得小结 无论经销外地品种种子，还是种植新品种，千万不能只看种子袋上的照片，一定要特别注意相关的文字说明。

第四节　D 西葫芦

A 菜用西葫芦

GDA01　1990 年 4 月　吉木萨尔县泉子街镇西葫芦药害案

案情摘要 1990 年 4 月上旬，应吉木萨尔县农业局邀请，我前往吉木萨尔县泉子街镇讲课。当时正值推广温室的高潮，我讲课的内容就是温室的蔬菜生产。课间有一位村长说，希望老师联系实际，尽快到我村解决温室西葫芦的毛病。

下课后我立即赶到该镇兰家湾村，该村修建温室后就开始了冬季生产，并有一位年轻的山东师傅小赵指导温室种菜，还使用黑籽南瓜做砧木进行嫁接。西葫芦的品种为"一窝猴"。当时温室内西葫芦叶片上普遍出现类似病毒病的皱褶状，小赵说病毒病没法治。由于该批种子是他经手买来的，小赵的压力很大。首次种植温室西葫芦村民们更是焦急万分，希望我尽快提出治病毒病的方法。

技术分析　首先，时值初春，我觉得病毒病的发病时间未到。其次，我细看叶片上的病症后，觉得不是病毒病，而是药害。泉子街镇地处山区，新疆山区普遍有野燕麦杂草为害，村民们必定使用除草剂。再次，西葫芦叶片颜色较深，我断定村民使用了叶面肥，村民们点头称是。最后，使用过除草剂的喷雾器难以清洗干净，所以要求种植户必须将使用除草剂的喷雾器和喷洒农药及叶面肥的喷雾器分开。我询问村民们是否每家都有两个喷雾器？回答是十几家种温室蔬菜的种植户当年都共同使用村委会某委员的一个喷雾器，而这个喷雾器是打过防除野燕麦除草剂的。

为证实我的技术分析，我询问种植户中是否有人没有使用过这个喷雾器？大家说村东头的马某因家人生病住院，他的温室近期疏于管理。我们立即走到马某的温室前。温室的门锁着，但透过塑料薄膜的破洞很清楚地看到，室内西葫芦叶片颜色较淡，但没有皱缩症状。因此，我说明所谓"病毒病"其实是药害，但药效的时间是有限的，不用治可以自愈，村民们这才长长地松了一口气。

心得小结　这是我处理的首例瓜类药害案例。经仔细观察可以看出，发生药害的叶片变形和病毒病的叶片皱褶是有细微区别的。前者叶片较薄，色泽比较鲜亮；后者叶片较厚，叶色较黯淡。

GDA02　1998 年 3 月　乌鲁木齐县水西沟乡温室西葫芦高秧案

案情摘要　1998 年 3 月 15 日消费者权益保护日活动上，乌鲁木齐县水西沟乡种植户反映温室西葫芦"一窝猴"出现高秧现象。县政府次日就组织我们前往该乡大庙村进行现场勘验。当时，乌鲁木齐地区温室种植的西葫芦品种主要是短蔓丛生型的"早青"杂交一代，其瓜皮为墨绿色麻点。然而，该村技术员听说市面上很多消费者都喜爱白皮西葫芦。于是，他们就到县种子站购买当时已不种的"一窝猴"白皮西葫芦。该品种在温室种植后，普遍表现为高秧（半蔓生）现象。由于村民们还是沿用"早青"的密度来种植，温室内西葫芦植株显得非常拥挤。

技术分析　"一窝猴"是常规农家品种，以往主要供塑料小棚栽培。当气温升高小棚揭膜后，种植户已获得基本产值。所以，该品种后期的半蔓生性状不被重视。后来在温室种西葫芦，普遍要求丛生型品种。所以，这起案例是该村技术员信息不准确，如果为了丰富品种类型，应考虑选择丛生型的杂交一代白皮品种，而不是去找老旧的常规品种。

心得小结　本案反映的问题有一定的代表性。农村中道听途说的信息很多，盲目应用往往成事不足，败事有余。

B 籽用西葫芦

新疆和内蒙古是我国籽用西葫芦的主要产区，是新疆仅次于加工番茄的一项外向型的农村种植产业，每年平均种植面积在 2 667~3 533 公顷，其中无壳品种占 20%~25%。由于国际市场上行情波动较大，种植面积也时增时减。早期国际市场上畅销长圆形的籽用品种，其种子较小。后来转向长圆柱形的品种，其种子与菜用品种无异。而且，绝大多数西葫芦品种是丛生型，个别为短蔓型。丛生型品种株型紧凑，适于密植，但普遍先开雌花、后开雄花，一般花期相差 1 周左右。这种花期不遇问题，在气候异常年份就显得非常突出，必然引发大量投诉案件。

西葫芦种子行情较好的第二年，籽用西葫芦面积必然骤增，种子质量的投诉案件也随之猛增。籽用西葫芦是投诉案件最多的一种作物，我在 2015 年就经手处理过 35 起。其中，大量案件都属于品种纯度不达标。而且，无壳品种也时常发生发芽率不高和出现有壳种子的混杂现象。

GDB01　2006 年 9 月　吉木萨尔县无壳西葫芦出现有壳变异案

案情摘要　2006 年 9 月上旬及中旬，受昌吉州种子管理站委托，我们接连两次前往吉木萨尔县三台镇及庆阳湖乡，对数十户种植户投诉无壳西葫芦出现有壳变异的原因进行技术分析。

2005 年昌吉州政府奖励了一批科技特派员，吴某因在吉木萨尔县试种无壳西葫芦（又称裸仁南瓜）成功而获奖。当年市场上无壳西葫芦行情较好，当地农民纷纷要求种植。吴某从甘肃武威市寻到几个无壳西葫芦品种的种子在吉木萨尔县扩大种植。不料 2006 年秋后，该县就接连发生无壳西葫芦的投诉案件。经田间勘验，有两个无壳品种的有壳变异率均在 15% 左右。吴某认为他给农民提供的是百分之百的无壳种子，农民种植出有壳的西葫芦种子是天然杂交后的结果，而不是供种方的责任。

技术分析　我在现场指出，西葫芦种子的有壳和无壳性状，是由遗传学上一对典型的显性和隐性基因控制的。菜用西葫芦种子都是有壳的，属于显性基因，无壳性状属于隐性基因。如果无壳西葫芦在繁种时不注意隔离，就很容易发生天然传粉。例如，用来辅助授粉的蜜蜂、其飞翔半径为 1.8 千米。人们在繁育玉米种子时，特别注意制种田四周一定距离内不得有其他玉米田。但是，繁育无壳西葫芦种子时，往往就没有注意这一点。和玉米等粮食作物不同的是，蔬菜作物天然杂交的当代不会像玉米那样出现"当代直感"现象，而是在下一代才出现性状分离。这是遗传学的基本规律。因此，受到显性基因污染的无壳西葫芦，其当代收获的还是无壳种子，但下一代就会出现性状分离。特派员吴某听了我的分析后，立即明白并表示会尽力做好善后工作。

心得小结　通过这两次田间勘验看到，作为新型作物的无壳西葫芦，其制种时往往忽视和普通西葫芦的隔离，因而很容易出现天然杂交。这是引发种子质量投诉的主要原因。

GDB02　2009 年 9 月　额敏县额玛勒郭楞乡西葫芦不结籽案

案情摘要　2009 年 9 月初，受额敏县种子管理站委托，新疆种子管理总站派我们前往该县额玛勒郭楞乡巴新布鲁格村，对种植户江某种植的"籽用 2 号"西葫芦不结籽的原因进行现场勘验。江某从经销商陈某处购买了太原某种苗公司出品的"籽用 2 号"西葫芦种子，播种后出苗正常，不料临收获时发现，田间的西葫芦瓜中却没有结种子。

经调查，江某因没有找到蜜蜂进行辅助授粉，而收购产品的种植大户毛某建议他使用保花保果的激素药物——郑州某生物技术公司出品的"超级坐果王"。经药物处理后，西葫芦瓜保住了，瓜皮却变成土黄色并硬质化，但是瓜内不结籽。毛某硬说这是没有蜜蜂的缘故，还说他自己种的西葫芦也使用了激素但结籽正常。此时我要他立即带我们到他的西葫芦地去，请他找出使用过激素的证据。毛某找了半天也没有找到证据（如药瓶等），而且他地里的老熟西葫芦瓜是橙黄色的，瓜皮并没有硬质化，和江某的西葫芦瓜完全不同，毛某终于无话可说。

技术分析　"超级坐果王"的成分是激素吡效隆，这种保花保果措施在菜用西葫芦早熟栽培中是常规技术，但籽用西葫芦的目标产品是种子，绝对不能用激素类药物来进行保花保果。在田间西葫芦植株上，后期坐果的嫩瓜中能形成种子，但因生育期不足，种子不能成熟和饱满。

心得小结　这是 2009 年 9 月新疆处于特殊反恐时期完成的一项鉴定任务。当时所有班车均已停运，我们设法找了一辆线路车前往额敏县。西葫芦能结瓜却不结籽一定有某种因素的刺激，本案是化学物质造成的伤害。在现场勘验遇到狡辩时，一定要及时揭穿。

GDB03 2009 年 9 月 额敏县上户乡籽用西葫芦品种混杂案

案情摘要 2009 年 9 月 4 日，当我们勘验额敏县额玛勒郭楞乡西葫芦不结籽案回程时，被上户乡几位农民拦住，强烈要求察看他们种得非常混杂的籽用西葫芦瓜地。经县种子管理站安排后，我们于 9 月 5 日来到上户乡加尔布拉克 4 村勘验了张某、丁某及张某等人的西葫芦地共计 26 公顷。这些种子是该县某种子经销部销售的甘肃武威某公司出品的"金苹果花板一号"。

现场看到，田间西葫芦的瓜形没有主体性状，有长圆柱形、长椭圆形、纺锤形、蜂腰形、金钩形等，果皮的花色更是混杂。随机抽查 10 个西葫芦瓜，切瓜数籽，平均结籽 141.7 粒/瓜，其中最多的 232 粒，最少的仅 1 粒。而种子袋上贴着"全国电码防伪"标签，竟然写着："本品种为内蒙古专用，其他省份种植恕不负任何责任"。

技术分析 根据我国《中华人民共和国种子法》，这是严重混杂的假种子，不能排除就是商品白瓜子。

心得小结 经核算，这种假种子的利润是其成本的 20 倍以上，比贩毒的利润还高。供种商在看到我们的鉴定后，居然分别向 3 位鉴定人的单位写告状信。信中胡说混杂的种子是为了便于授粉，还请了律师要打官司。但供种方律师在首次调查后，就劝供种商不要自讨没趣。

GDB04 2010 年 8 月 农 6 师 108 团无壳西葫芦种子质量投诉案

案情摘要 2010 年 8 月中旬，受农 6 师 108 团园艺连委托，新疆农林司法鉴定中心派我们到该连陈某、陈某梅、杨某、张某、郭某、黄某等种植户的无壳西葫芦地。近几年经销商尚某组织园艺连种植户生产无壳西葫芦种子，2010 年提供了武威某种子有限公司出品的"福欣"（三星级）种子。种植户们认为该批种子的质量不及前一年提供的"福欣"（二星级）。

据介绍，各户均采用 1.35 米的沟距进行膜下滴灌栽培，底肥为磷酸二铵 270 千克/公顷，三料磷肥 225 千克/公顷，播种期为 5 月 11—20 日。不料西葫芦瓜秧甚长，而"福欣"种子罐上标明："本品种瓜蔓短状，叶子小，株型紧凑。"

技术分析　勘验中发现：①瓜秧太长，坐瓜很少。田间的瓜蔓一般有 3~4 米长，最长的达 7 米。西葫芦叶片为深裂叶，但田间很多叶片为浅裂叶和五角形，而且普遍坐瓜很少。②严重混杂，纯度很差。王某在 1 连种植的"金秋"标明杂交一代，但瓜皮却有白皮（老熟后转黄）、花皮和黑皮等类型，没有主体性状。③批次不同，性状各异。供种方提供的所有"福欣"（三星级）种子，只有郭某及黄某地中的西葫芦符合前一年"福欣"（二星级）的品种介绍。④结籽较少，差距过大。当年春季的气温偏低，夏季的高温和干热风不利于西葫芦生长，但尚某提供的无壳南瓜种子质量较差。其中，单瓜结籽超过 300粒的很少。而相邻的张某种的"金太阳"、杨某种的"金丰富"单瓜平均结籽数都超过 400 粒。

心得小结　该批无壳西葫芦总体质量较差，品种纯度不达标。种子质量不仅表现在不同品种之间，就是同一品种不同批次之间也有明显的差异。

GDB05　2011 年 8 月　吉木萨尔县无壳西葫芦结籽异常案

案情摘要　2011 年 8 月，应吉木萨尔县种子管理站邀请，我们来到该县庆阳湖村及二工镇，对马某和顾某投诉甘肃武威市某种业公司出品的"宏鑫四星"（16.5 公顷）及"金宝王 CG-4"（1.4 公顷）两品种无壳西葫芦结籽异常进行司法鉴定。该批无壳西葫芦播种期为 5 月 10 日至下旬，膜下滴灌栽培。1.2～1.4 米沟距，双行栽培，株距 40 厘米，底肥为磷酸二铵 225～300 千克/公顷及三料磷肥 65～150 千克/公顷。不料秋后瓜内有很多有壳的种子

技术分析 在 3 块栽培"宏鑫四星"地块中，我们随机打开 79 个西葫芦瓜，其中有壳种子占 45.7%；在"金宝王 CG-4"的田间，打开 20 个瓜，有壳种子占 20%。西葫芦种子的无壳特性属于隐性性状，在制种时一定要注意和居民点的距离有 1.8 千米以上，这是蜜蜂飞翔的半径。因为居民点各家庭院内，普遍种植菜用西葫芦。尽管采种时当代收获的种子均为无壳的，但这些种子播种后，受到普通西葫芦花粉感染的无壳种子的下一代就会出现有种皮（有壳）的显性性状分离。

心得小结 无壳西葫芦果皮较厚，检查是否为异常种子时，使用铁锨切开，比使用菜刀大大提高了工效。

GDB06 2012 年 7 月 额敏县多品种西葫芦结籽不良投诉案

案情摘要 2012 年 7 月 28—31 日，应额敏县种子管理站委托，我们对该县马热勒苏乡及杰勒阿尕什乡瞿某、马某等 10 余户投诉当年种植的"陇苗一号""华乡 8 号""雪丰 9 号"西葫芦种子坐瓜少、结籽不良进行现场勘验。前两个品种的种子分别产自甘肃酒泉市两个种业公司，后一个品种是嘉峪关市某种业公司出品的。他们是分别和经销商或中介签订产销合同赊销来的种子。

据介绍，当地多数种植户在当年 4 月 28 日至 5 月 10 日播种，个别在 5 月 12—13 日播种，膜下滴灌栽培，沟距 1.2 米，株距 40 厘米，双行播种，平均保苗 2 770 株/亩。7 月初，有农户发现西葫芦普遍坐瓜少、瓜内结籽甚少，于是引发了群体投诉案。

我们先后勘验了 3 个乡、5 个村，陈某、唐某等 10 家的西葫芦地块共计 34.4 公顷。来自 4 批的 3 个籽用西葫芦品种均为白皮西葫芦。

随机切开 60 个西葫芦瓜，单瓜种子数最少的为 0 粒，最多的达 408 粒，但是单瓜结籽≥250 粒的西葫芦瓜较少。

技术分析　但在调查中发现，同一种植户地中不同时间开花的结籽差异较大。例如，闫某 5 月 3—4 日播种的西葫芦，老瓜单瓜结籽 6~8 粒，但嫩瓜结籽 357~408 粒。由此说明不同时期的环境条件是不同的。经调查，额敏县当年 7 月 1—8 日连续阴天，而且每日下午必降雨，是数十年来罕见的异常天气。阴雨天气必然影响昆虫飞翔和授粉，已授粉的西葫芦柱头上的花粉还会被雨水冲走而化瓜（雌花败育）。

闫某和刘某两家的西葫芦地块相连，都是东西走向、长达数百米的狭长坡地。其地势东高西低，西部开花较早，正巧遇上了阴雨周，坐瓜少，损失大；而东部开花较晚，躲过了阴雨的危害，坐瓜较多，损失较小。为证实这一结论，我们专程到地势较高的库鲁木苏乡种羊场农 1 队黄某的地里。他是 5 月 8 日播种"华乡 8 号"的，7 月上旬阴雨周后开花，我们在田间切开 5 个瓜，单瓜结籽均在 250 粒以上，24.7 公顷的西葫芦丰收在望。

心得小结　罕见气候出现罕见案例本不足为奇。当多品种同时被投诉时往往不是种子质量问题，这是我们的共识。但我们在那几天勘验中缺乏经验，鉴定报告中也有文字瑕疵。但本案为后来大量的籽用西葫芦案件提供了处理经验。

GDB07　2012 年 8 月　吉木萨尔县红旗农场 10 连西葫芦变异瓜案

案情摘要　2012 年 8 月 24 日，应吉木萨尔县红旗农场 10 连种植户王某的委托，我们对他种植的 5.5 公顷籽用西葫芦出现变异瓜的原因进行司法鉴定。

当年春季，王某通过奇台县经销商达某赊销了甘肃民勤县某种业公司出品的"金丰宝 6 号"及"618"籽用西葫芦种子。种植地前茬为棉花，田间西葫芦植株白粉病严重，但没有病毒病的花叶及叶片皱缩等现象。可是，很多"金丰宝6号"植株上出现了根瓜是白皮瓜、随后是变异的绿皮瓜，即"一棵秧上结两个品种瓜"。而且瓜皮上的绿色素有明显的梯度变化：颜色浅的，瓜皮上仅有绿色的条带和花纹；颜色深的，整个西葫芦瓜皮为绿色。经勘验，田间未发现使用激素类药物的痕迹。我们随机取20个样点，每点连续观察100个西葫芦瓜，平均变异率为14.5%。但同时播种的"618"西葫芦却没有这种现象。经随机取样切瓜31个，"金丰宝6号"平均结籽数为117粒/瓜，"618"为179粒/瓜。9月12日，我们在王某带领下，来到奇台县达坂河开发区刘某种的"金丰宝6号"西葫芦地中，也见到同样的变异瓜现象。

技术分析 此前我们没有见过这种"一棵秧上结两个品种瓜"现象，遂向新疆农业大学农学院、园艺学院，新疆农业科学院作物园艺研究所，乌鲁木齐市蔬菜所，中国农业科学院蔬菜花卉研究所及植物保护研究所等单位专家请教，但多数人都没有见过这种同株双色瓜的异常现象。北京的专家认为，这是内地一种新型的西葫芦病毒病。我们随之向新疆植保站报告，该站领导召集有关部门干部讨论后认定，这是新疆首例新型的西葫芦病毒病。

心得小结 该案鉴定后王某得到了补偿。他还特地制作一面锦旗送到新疆农林牧司法鉴定中心以示感谢。

GDB08 2014年9月 农8师石河子总场4分场西葫芦结籽不良案

案情摘要 2014年9月17日，受石河子市人民法院委托，我们到农8师石河子总场4分场，对种植户曹某投诉"京丰9号"结籽不良的原因进行司法鉴定。

2014年春季，曹某从甘肃武威某种业公司在新疆的经销人丁某处赊购了"京丰9号"西葫芦种子，于5月16日人工点播了4.1公顷，株行距 33 厘米×51 厘米，膜下双行滴灌栽培。6 月 25 日开始放蜜蜂 10 箱，不料此时发现头茬瓜普遍果实顶部变尖（俗称"尖屁股"瓜，彩图 11）。曹某反映后，经销人丁某看了现场建议种植户将头茬嫩瓜全部打掉。可是，后茬瓜结籽也很少，因严重减产引发了诉讼。

勘验表明，该品种西葫芦杂色瓜不超过 5%。其田间管理较精细，无植株贪青及杂草丛生现象。我们自南向北每隔 80 米左右取 4 个样点，每样点面积 6.67 米^2，统计结瓜数后分别连续采收 15 个瓜送到地头切开数籽。由此测出结瓜数 3 930 个/亩，平均单瓜结籽 106.8 粒，折合产量 9.63 吨/公顷。现场勘验后，法官带领我们前往 2 千米外，也是种植"京丰 9 号"牛某的西葫芦地，当时正在采收。随手切开几个瓜，单瓜结籽均在 250 粒以上。曹某反映供种方当时提供了两批"京丰 9 号"种子。牛某这批种子袋上的生产日期清晰可见，而曹某的种子袋上就模糊不清。6 月底我们收到市法院提供的牛某产量为 3 000 千克/公顷的数字和曹某 6 月中拍的手机照片、录音等资料，其中还补充了和曹某种同一批"京丰 9 号"的毛某，0.8 公顷西葫芦仅收 23 千克种子的资料。

技术分析 丛生型西葫芦都是先开雌花、后开雄花。根据田间普遍出现尖屁股瓜的事实，说明该品种雌花和雄花相隔的时间较长，是典型的菜用西葫芦品种的特性。事后我们了解到，"京丰 9 号"实际上是"瑞丰 9 号"，作为菜用品种时称为"神龙"，其雌、雄花期相隔 1 周左右。曹某按经销人的指导将头茬瓜都摘除，实际上已失去了基本产量。由于当年夏季气温较高，后茬瓜因授粉不良结籽较少，这是严重减产的主要原因。

心得小结 此前我们未遇到过典型菜用西葫芦的问题，经验和认识不足。取样瓜太多耗时也过多。诉讼中供种方聘请了 3 批律师和 2 批专家在一、二审中进行了顽强抗争和辩护。但是，农 8 师中级人民法院终审还是接受了我们的技术分析意见。

GDB09　2014 年 9 月　阜康市西泉农场无壳西葫芦严重缺苗案

案情摘要　2014 年 9 月 26 日，受阜康市西泉农场邱某的委托，我们来到该农场对他投诉的"金尊宝"无壳西葫芦种子播后田间严重缺苗的原因及经济损失进行司法鉴定。据介绍，邱某是通过甘肃民勤县某种业公司在新疆的代理人刘某处购买了"美洲满窝籽"无壳西葫芦种子，于 4 月 20 日播种了 33.3 公顷。因当年 4 月下旬北疆出现灾害性的降雪天气，严重缺苗。此后，又从刘某处购买了"金尊宝"无壳西葫芦种子，于 5 月 25 日重新播种了 25.3 公顷，不料还是严重缺苗。经昌吉州农产品监测检验中心测定，该批种子的发芽率仅 51%（前批种子已播光无法检测）。

据介绍，邱某西葫芦种植地前茬为打瓜，播量 460 克/亩，全期灌水 7 次。勘验表明，株行距为（30~40）厘米×60 厘米，膜下滴灌，一膜两行，土壤肥力中等，无盐碱危害，田间西葫芦缺苗多，杂草也较多。我们随机取 5 个点，每个样点 6.67 米^2，统计保苗数；每样点连续采 5 个瓜，切开后数籽。

技术分析　勘验表明，田间缺苗严重，保苗数仅 1 500 株/亩，为播种穴数 3 176 的 47.2%，也只有种子袋上推荐的保苗数 2 300 株的 65.2%。由于补种的无壳西葫芦播期过晚，植株开花时正值当年北疆异常高温季节，其花粉不发芽或发芽中途花粉管夭折，致使结籽极少造成严重减产。而且，单瓜结籽数极为悬殊：多的可达 422~538 粒，估计是 4 月 20 日播种的"美洲满窝籽"残存植株所结的瓜；而大量结籽少的瓜，单瓜结籽数仅有 39~44 粒，应该是 5 月 25 日补种的"金尊宝"所结的瓜。

该批无壳西葫芦种子发芽率低的原因是：种子进行种衣剂处理时，药液的浓度未相应调整或温度较高。无种皮保护的种胚受到药害而失去发芽能力。部分种胚受损的种子，即使能出苗，但出苗后生长势弱，产量也较低，有的甚至中途死亡。

心得小结　无壳西葫芦种子因没有种皮保护，在进行种衣剂处理时必须相应降低浓度。这是我们处理的首例经过发芽率检验的、无壳西葫芦田间严重缺苗的案例。

GDB10　2015 年 7 月　乌苏市"改良瑞丰 9 号"严重混杂案

案情摘要　2015 年 7 月 25 日受乌苏市王某等 4 人申请，我们前往该市百泉镇下渠子开发区，对种植户们投诉"改良瑞丰 9 号"西葫芦不结籽的原因及其经济损失进行司法鉴定。据介绍，2015 年春季，王、何、马、杜 4 家联合到下渠子开发区包地，前茬棉花，并向某工贸公司购买"改良瑞丰 9 号"西葫芦种子。4 月 24—27 日播种，底肥为磷酸二铵 300 千克/公顷，膜下滴灌栽培，0.7 米宽地膜种两行。6 月初种植户们在 55.1 公顷西葫芦地头放 300 多箱蜜蜂辅助授粉。某工贸公司派技术员袁某及李某全程指导种植。种植户们反映，"改良瑞丰 9 号"前期尽开雌花，没有雄花。

现场看到，该地为沙壤土，土壤结构良好，肥力中上，未见盐碱危害，但田间植株生长量较小、结瓜甚少，发育不良的畸形瓜（"尖屁股瓜"）及杂色瓜较多。抽查杜某的西葫芦瓜地，其纯度为83.3%。所有的田间未发现使用激素药物的痕迹。随机取 3 个样点，每样点面积 6.67 米^2，经田间计数及切瓜数籽，每亩平均结瓜 530个，平均单瓜结籽 8.6 粒，属于绝收。为寻找当地种植的西葫芦，我们来到邻近的甘河子乡二队张某种植的"粒丰九号"西葫芦地，其水肥过多明显旺长，经测产为 1.66 吨/公顷。

技术分析　该批"改良瑞丰 9 号"种子纯度不达标，而且是典型的菜用西葫芦品种的特性，前期先开放的雌花缺乏雄花花粉授粉，大量雌花败育（俗称化瓜）。后期大量雄花开放后，由于特殊高温天气严重影响授粉。气象资料表明，当年乌苏地区春季气温比历年同期高

1.0~2.1℃，比前一年同期高1.2~2.5℃。6月已出现高温天气，截至7月20日，≥10℃积温2 386.9℃，比历年同期多364.5℃；≥20℃积温为2 220.7℃，较历年增加364.5℃，其增幅分别达到9.1%及16.4%，尤其是后者增幅更大。

当年乌苏地区降雨量比历年多一成，7月降雨比历年同期多两成。在雨量偏多时，田间植株应该有较多的生长量。然而植株生长量明显不够，原来是技术员用控制水分来促进坐瓜。

心得小结　这是品种退化的菜用西葫芦种子，当年雨量偏多，技术员以控制水分来促进坐瓜，结果适得其反。

GDB11　2015年9月　沙湾县"希望9号"西葫芦结籽不良案

案情摘要　2015年9月12日，受沙湾县种子管理站委托，我们到该县良种场开发区，对某农业合作社投诉"希望9号"西葫芦结籽不良的原因进行司法鉴定。当年3月，该社种植户丁某、殷某等人和经销商郭某签订了收购合同，购买了酒泉市某种业公司出品的"希望9号"西葫芦种子，不料种下结瓜后发现结籽甚少。两家西葫芦地前茬均为棉花，土壤结构良好，肥力中上，未见盐碱危害。种植户每公顷施入375千克磷酸二铵及150千克钾肥为底肥，4月21日播种，0.9米宽地膜种两行，自6月上旬起每周1水，每公顷追施225千克磷酸一铵、300千克尿素及150千克钾肥。郭某提供全程技术指导并联系蜜蜂辅助授粉。现场西葫芦植株长势良好，无品种纯度问题。在田间随机取4个样点，每点6.67米²，测得每亩结瓜3 530个，单瓜结籽69.3粒，折合产量0.66吨/公顷，属严重减产。因当地无对照，我们前往2千米外144团2连邓某的西葫芦地。其前茬及土壤情况相同，品种为"白雪公主"，该处田间管理虽不及丁某，但结瓜甚多。经取样，每亩结瓜4 030个，单瓜结籽199.3粒，折合产量 2.17 吨/公顷。

技术分析　这是纯度合格的西葫芦严重减产案件，和 2014 年石河子总场曹某种的"京丰 9 号"类似（参见 GDB08）。由于矮生西葫芦先开雌花、后开雄花，相隔了一定时间，前期的雌花缺少雄花花粉；后期雌花开放时，正值当年特殊高温。因前、后期均授粉不良，结籽很少。鉴定结论是"'希望 9 号'西葫芦符合菜用品种特性"。

2015 年 12 月底，供种方刘经理亲自到我家。她是"希望 9 号"和"瑞丰 9 号"的育种人，说明前者是后者的升级版。她说"瑞丰 9 号"就是菜用品种"神龙"，因结籽较多冠名为"瑞丰 9 号"，并成为国内籽用西葫芦的主栽品种。该品种雌、雄花间隔 7 天左右。她曾将亲本送给一些单位。因此，凡是带"9 号"的西葫芦品种都是"瑞丰 9 号"的后裔。刘经理的这趟造访，让我明白了有关问题。

当年有专家说，菜用西葫芦杂交一代种子比籽用品种贵，每千克售价高出 7 成左右，绝不可能削价贱卖。刘经理认为籽用西葫芦栽培面积很大，可薄利多销，而且育种及制种程序完全相同。2015 年她售出大量种子，仅在新疆沙湾一带有少量种子出了问题。

开庭一审后不久，种植户送来南瓜专家们的质疑书。专家们说不能以作物用途来划分西葫芦，称鉴定不专业。该观点显然罔顾实际。我国西葫芦种子市场早已形成了用途划分，"希望 9 号"种子袋上也标注着"籽用西葫芦"。2012 年 6 月，察布查尔县温室番茄中混入加工番茄种子（参见 HAA10）。如按专家们的观点，农户们用温室来种卖不掉的加工番茄都不得投诉。

本案的审理可谓跌宕起伏，旷日持久。起初，因经销商称鉴定报告是"一张废纸"，激化了矛盾。随后，农户们要求自治区种子管理总站表态。总站根据我们的鉴定，将"希望 9 号"定为"假种子"，这显然是不妥的。我在答辩书中指出："希望 9 号"的前身就是"瑞丰 9 号"，是我国籽用西葫芦产区主栽的优良品种。但在气候特殊的 2015 年，表现出花期不遇的缺陷，并非假种子。我还指出，2014 年××高科在安徽省推广超级稻"两优 0293"，因该品种不抗稻瘟病造成万亩绝收的严重事故。安徽通常没有引发稻瘟病的气候，然而那一年就遇上了。两个优良品种的问题性质相同。

心得小结　为了弄清矮生西葫芦的开花结果习性，2016 年起我们在昌吉市、农六师 102 团及奇台县三地，分别种植"瑞丰 9 号"等西葫芦，观察其开花结果习性。两年后明确如下。①籽用西葫芦对品种纯度的要求较宽松，瓜皮上有无浅花纹均可视为一个品种，因为成熟后表皮都是橙黄色，有花纹者颜色略深；而菜用品种则要求皮色一致，否则就是品种混杂。②各品种在三地的开花时间略有差别，但开花习性相同，其雌、雄花相隔最短的是 4 天，最长达 9 天。而且，播种早（4 月下旬）、肥力高的地块，雌花出现较早，花期不遇的问题更突出。③"神龙"转身为"瑞丰 9 号"后，该品种在各地大量推广，制种田也大为扩大。人们有意或无意中选出雌、雄花花期相近的植株进行留种，花期不遇的矛盾逐渐淡化。④为减轻病毒病，菜用西葫芦的繁种田一般选在地势略高、气候凉爽的农区。在原有"神龙"制种区繁育的种子，必然保留着雌、雄花花期相隔较长的菜用品种特性。2015 年入夏，新疆的北疆异常高温，播种这些西葫芦种子后，出现了开花前、后期均不能正常授粉的灾害性后果。2019 年 7 月 20 日，我在新疆农业大学园艺学院曾以此做过《矮生西葫芦开花结果习性初步研究》的学术报告。

本案说明，优良品种也不可能十全十美，有时也显露出缺点。我国《中华人民共和国种子法》目前还未对这种品种缺陷进行法规上的界定。如今时过境迁，希望各方都能理性进行总结。我还希望，有人提出更加合理的科学分析。

GDB12　2015 年 9 月　农 7 师 130 团"白雪公主"种子主动掺杂案

案情摘要　2015 年 9 月 23—24 日，应种植户刘某委托，我们对她在农 7 师 130 团 14 连种植的籽用西葫芦结籽不良问题进行司法鉴定。当年春季，刘某从经销商孟某处购买了甘肃民勤县某农业公司出品的"白雪公主"籽用西葫芦种子，在 14 连退耕还林的小杨树林带之间空隙地上播种了 448.3 公顷。不料秋后普遍发生结籽不良、严重减产现象。此案是我们受理的栽培面积最大的种子投诉案件。现场勘验表明，刘某在 13 块地上种植了"白雪公主"；同时她还在 3 块条田上播种了由孟某提供的"瑞丰 9 号"西葫芦 66.7 公顷。经调查，西葫芦地未施底肥，均采用膜下滴灌栽培（0.9 米宽地膜，播种两行），播种期为 4 月 13 日至 5 月 1 日。每公顷随滴灌施入 450 千克尿素及 900 千克农垦科学院生产的大量元素水溶性肥。苗期为防治病虫喷洒了百菌清，中期为防白粉病喷洒了烯肟菌胺霜脲氰（复配剂）。为辅助授粉，在田间 6 处地头共计放蜜蜂 1 520 箱。

我们用两天时间在田间取样 26 个样点，每样点面积 6.67 米^2。其中"白雪公主"23 个样点，"瑞丰 9 号"3 个样点，调查结瓜数量，每点连续采瓜 5 个，剖瓜数籽，千粒重取 185 克，由此推算出西葫芦种子产量："白雪公主"648 千克/公顷，"瑞丰 9 号"1 779 千克/公顷。按照种子袋图示，"白雪公主"瓜形为白皮长圆柱形，但瓜皮为花皮者占 27.1%，品种纯度仅有 72.9%。

技术分析　由同一经销商提供的两个品种西葫芦种子表现出巨大的产量差异。出问题的"白雪公主"种子的产量只及"瑞丰 9 号"的 36.4%，供种方的责任不言而喻。种子质量不合格显然是减产的重要原因。然而，由于本案涉案金额巨大，虽经多年诉讼，却久难结案。其中最令人意外的是："白雪公主"种子袋背面有六号字大小的说明称："混合种子（白雪公主 85% 以上，其余为润丰 9 号）"。这是种植户和我们都万万没有想到的。供种方以此说明"掺杂有理"和"有言在先"。其实，即使扣除 15% 的掺杂率，"白雪公主"的品种纯度也只有 87.9%。

心得小结　大千世界无奇不有。本案告诫我们，处理生产事故只有你想不到的，没有当事人做不到的。

GDB13　2015 年 9 月　克拉玛依大农业区无壳西葫芦种子出苗不良案

案情摘要　2015 年 9 月 24 日，受克拉玛依大农业区绿城公司种植户田某委托，我们对其种植的无壳西葫芦"金陇宝"种子出苗不良及经济损失进行司法鉴定。

据介绍，田某通过经销商贾某购买了甘肃武威市某科技公司生产的无壳西葫芦"金陇宝"种子，5 月 7 日机械播种，0.7 米宽地膜播双行。因出苗不良，贾某又提供种子于 5 月 16 日人工补种了 8 公顷，其中还包括部分上述公司生产的有壳西葫芦种子"雪白三号"。6 月间在地头放置蜜蜂。现场看到，西葫芦种植地地势平坦，沙壤土，前茬棉花，土壤结构一般，肥力中等，无盐碱危害，田间的无壳西葫芦瓜已收拢在机械取籽的作业线上，有壳西葫芦瓜已运送到另外地点。田间未发现播种过深及滥用除草剂的痕迹。

我们在田间随机取 3 个样点，每样点面积 6.67 米^2，统计结瓜数量，每点连续采收 5 个瓜，送到地头剖开计算结籽数量。每样点平均结瓜 18.7 个，单瓜结籽 100.9 粒，按种子千粒重 170 克计算，产量仅480 千克/公顷，属于严重减产。

技术分析　在条田平坦、无盐碱的膜下滴灌栽培条件下，发生严重缺苗的主要原因是种胚受到损伤。没有种皮保护的无壳西葫芦种子，在进行种衣剂处理时，一旦药剂浓度高、处理时间稍长，以及处理后在水泥地面上曝晒时间稍长，都会使种胚受损。

此外，补种后再次全面滴灌，又使已出苗的西葫芦植株生长过旺，遮挡后出土的幼苗。这种不良影响在后期难以估算。除了补种的人工费外，收获时还需将有壳的西葫芦瓜分别拣出，并运送到专门的机械取籽作业线上，增加了人工开支。

心得小结　本案是个事实十分清楚的种子质量案件，但种植户维权却十分艰辛。当时供种方的诉讼代理人缑某在 2018 年最后一次庭审时，面对确凿的减产事实无法否认。可是当年秋季，缑某在某种业微信群上以该案"水落石出"污蔑我司法鉴定单位制造冤案，还攻击我自封技术权威。在群里他摇身一变成为"陕西渭南市法律工作者，某律师事务所种子法律课题组组长"。他无中生有地说，我在地头捡了一个破种子袋就断定是供种方的产品。此事他在庭审时压根儿就没提过。2019 年农 8 师中级人民法院终审时，完全采纳了我们的鉴定意见。判决书上表明缑某是供种方武威市某种业的"公司员工"。此后，缑某似乎找到一条生财之道，他陆续发表《种业冤案的法律救济策略探讨》等文，并成为一些种业公司的座上宾。可是，在网上怎么也查不到此君的律师事务所及其律师资格。但我深信，行骗者难得长久。

GDB14　2021 年 7 月　沙湾市乌兰乌苏镇"银贝 9 号"结籽甚少案

案情摘要　2021 年春天沙湾市乌兰乌苏镇种植户赵某购买了大庆市某种业公司出品的"银贝 9 号"籽用西葫芦种子，4 月 19—27 日在乌兰乌苏镇畜牧队播种了 8.2 公顷，在金沟河镇九队播种了 20 公顷。不料 7 月初结瓜后，发现其中种子甚少，严重影响产量，特请求技术鉴定。

7 月 14 日我们到两地的现场看到，田间西葫芦种子长势良好，无品种混杂、无缺苗、无病虫及盐碱危害，西葫芦地头都放了蜂箱供辅助授粉，田间也没有使用保花保果药剂的痕迹和其他药害。但是，切开西葫芦瓜，其中种子数仅为正常的 1/4 左右，在两地取样测产，产量仅有 780 千克/公顷和 760 千克/公顷。

技术分析　当年没有不利于西葫芦结籽的气候条件，所以是罕见的减产事故。以往新疆曾发生过籽用笋瓜因种衣剂药害导致种植中途无病症突然死秧的案例（该案因故未入编）。有关种衣剂药害的报道指出，其中的杀虫剂往往成为外源激素。"银贝 9 号"种子袋上表明，其种衣剂是 2.5% 适乐时和 35% 金阿普隆。金阿普隆又称精甲霜灵，本身就是植物生长调节剂。因此，种衣剂药害就是"银贝 9 号"结籽甚少的原因。

心得小结　凡是瓜类作物结籽不良，必定是遇到阻碍雌、雄花授粉进程及精卵结合的不良外界条件。如环境条件正常，那一定和有关化学物质的影响有关。

第五节　E 笋　瓜

笋瓜起源于南美洲玻利维亚等国，已传播到世界各地。中国的笋瓜应该是从印度传入的，故称为印度南瓜。它和中国南瓜的亲缘较近。笋瓜的叶片心脏形，茎的横断面为圆形，其果柄圆形而软，基部不膨大，果实多为扁圆形。当前一些小型笋瓜品种品质优良，是非常受欢迎的蔬菜。而且，笋瓜的种子也是白瓜子的重要种类，是我国出口数量较多的农产品之一。

GE01　1999 年 8 月　昌吉市大西渠合众农场笋瓜结果不良案

案情摘要　1999 年 8 月中旬，应乌鲁木齐市种子管理站邀请，我们来到昌吉市大西渠铁路局合众农场，对任某投诉黑龙江某种业公司提供的"大南瓜"的种子质量进行田间勘验。任某是铁路局员工，他在创办营养食品南瓜粉生产线之初，种植了新疆的"包子葫芦"长南瓜，因其中糖分较高，不适于糖尿病患者作为营养食品。其后，他又从黑龙江某种业公司引进含糖量较低的"大南瓜"进行种植。进入结果期后发现，这种"大南瓜"仅有 40% 的植株能结瓜，但田间的笋瓜五花八门，没有主体性状。而且，田间的瓜叶已大量被风干，已经结的瓜腐烂甚多，导致严重减产。

技术分析　这种东北"大南瓜"属于笋瓜。首先，该批种子没有品种名称和相应的品种介绍。其田间表现和笋瓜的商品白瓜子没有差别，不能作为种笋瓜的种子。其次，"大南瓜"对新疆的气候条件不适应。未经试种就盲目销售种子是要承担相应责任的。

心得小结　开展任何项目的技术开发，都应遵循"以市场为导向，以效益为核心，以科技为依托，以品质为保障"的基本方针，缺一不可。

GE02　2015年9月　农10师184团籽用笋瓜品种混杂案

案情摘要　2015年9月5—6日，应农10师184团刘某等14家种植户约请，我们到该团3连及和丰县夏孜盖乡，对种植户们投诉"大板多籽"笋瓜品种混杂及产量低的原因进行司法鉴定。刘某等种植户和黑龙江密山市某农副产品购销公司签订产销合同生产笋瓜籽（白瓜子），并由该公司在北屯市分公司提供了密山市某种子商店出品的"大板多籽"笋瓜种子。不料结瓜后发现品种严重混杂，结籽少而产量低。

在现场我们抽查了高某、刘某、郭某及李某种植"大板多籽"笋瓜的地块，并随机取10个样点，每点6.67米²，统计结瓜数和杂色瓜数量；每点连续采5个瓜，切开计算种子数。经勘验，"大板多籽"笋瓜平均单瓜结籽154.9粒，纯度仅36.3%。根据品种说明，该品种瓜为中轴较短的灯笼形，但田间夹杂有扁圆、长圆及近橄榄形的笋瓜；该品种皮色为灰绿色，但田间有浅绿、深绿、黄绿及红绿相间的杂色瓜，果面的条纹也是多种多样（彩图12）。其中，种植户高某同期种植了"大板多籽"5.3公顷及黑龙江富锦市某种业公司出品的"雪城二号"2.7公顷。经测产，高某的"大板多籽"产量为910千克/公顷，"雪城二号"产量为2 200千克/公顷。后者是杂交一代品种，瓜形及皮色整齐一致，没有杂色瓜。

技术分析　"大板多籽"笋瓜的纯度仅有36.3%，这和常规品种纯度的下限85%还有很大的距离。根据田间表现，该批"大板多籽"

笋瓜的种子实际上就是笋瓜籽商品，而并非良种繁育的种子。

心得小结　当市场上某种瓜子紧俏时，有人就将商品瓜子过筛包装后充当种子，实属害人又害己。

GE03　2016年9月　昌吉市北部荒漠区籽用笋瓜生长不良案

案情摘要　2016年9月19日，应昌吉市北部荒漠区佟德川农场约请，我们来到该场种植户刘某的籽用笋瓜地，对其种植的由酒泉市某农业发展公司出品的"新丰8号"杂交一代籽用笋瓜生长不良原因进行司法鉴定。该地前茬为向日葵，底肥为每公顷705千克复合肥，追肥为每公顷尿素600千克、磷酸二氢钾270千克、微量元素锌肥7.5千克及硼肥10.5千克。播种期为4月15—19日，总面积64.5公顷，4月20日浇出苗水，田间放蜜蜂300箱辅助授粉。经勘验，种植户采用1.5米宽地膜种4行，株距50厘米，田间未发现使用激素类药物来保花保果。果实成熟迟并发生大量烂瓜。

技术分析　①种类有误、表述混乱。"新丰8号"种子罐上注明该品种"属中熟籽用南瓜品种"及"籽用西葫芦"，实际上它是属于笋瓜（印度南瓜）。②植株蔓生与介绍不符。"新丰8号"标注为"短蔓型"，但实际上是蔓生型。《中华人民共和国种子法》第四十九条规定："种子种类、品种与标签标注的内容不符或没有标签的"为假种子。③未经试种就推广导致减产。《中华人民共和国农业技术推广法》第三章第二十一条规定："向农业劳动者和农业生产经营组织推广的农业技术，必须在推广地区经过试验证明具有先进性、适用性和安全性。"第五章第三十六条规定："违反本法规定，向农业劳动者、农业生产经营组织推广未经试验证明具有先进性、适用性或者安全性的农业技术，造成损失的，应当承担赔偿责任。"

经勘验表明，"新丰8号"籽用笋瓜虽然皮色及瓜形相对一致，但田间茎蔓特长，日灼引起的烂瓜多，结籽少，是明显的品种退化表现。经 6 个样点取样测定，田间结瓜数为 4 483 个/亩，平均单瓜结籽 83.9 粒，按千粒重 300 克换算，产量为 1 500 千克/公顷。由于半数烂瓜不能收获，故产量应以实际收成为准。

2016 年昌吉地区籽用笋瓜平均产量以 2.25 吨/公顷计算。刘某实际收成和该数值的差额就是实际的经济损失。

心得小结　本案是籽用瓜子市场行情好的年份，不懂专业的种业部门违规开发的结果。

第六节　F 甜　瓜

甜瓜是我们生活中的重要果品，有厚皮甜瓜和薄皮甜瓜两大类。前者是各种小果型的香瓜和梨瓜；后者是哈密瓜一类大果型的甜瓜。新疆是哈密瓜产区，设有专门的科研机构和专业人员从事该项工作。农业院校中也有专门的甜瓜及西瓜的课程。所以，这两种瓜类是蔬菜学中的一个分支。本人一般不愿参加处理此类投诉，因为很多外观标准难以界定。例如，甜瓜的特有网纹和皮色，往往需要一定的温度和光照条件才能表现出来。在气候条件变化的情况下，有些品种的特征就不明显。种植者强调商品外观与往年不同、不好销售而投诉；供种方则强调是同一批次的种子。所以，这类案件应由专门从事该项业务工作的专业人员来鉴定为妥。这里列出我参加过的几个案例，仅是众多案例的"冰山一角"。

GF01　2012 年 8 月　乌鲁木齐三坪农场伽师瓜自交系纯度鉴定

案情摘要　2012 年 8 月中旬，应乌鲁木齐市农垦局种子管理站邀请，我们到乌鲁木齐市郊三坪农场5连，就该连繁育的伽师瓜自交系的纯度进行现场勘验。伽师瓜是皮色墨绿、瓜肉橙红色的一类哈密瓜。新疆某哈密瓜种业有限公司委托乌鲁木齐市农垦局繁育10公顷伽师瓜自交系，其中安排三坪农场朱某繁育3.3公顷。朱某种植后发现，该甜瓜自交系坐瓜少，结瓜后的甜瓜内瘪籽多，认为制种的种子质量有问题。

朱某称他在5月13日播种，采用膜下滴灌栽培，底肥为750千克/公顷复合肥，株行距0.35米×2.2米双行，点播，出苗较好。生长期间无病虫为害，为防病打了三唑酮1次，已滴灌5次。现场还了解到，种业公司和农垦局双方在7月3日检查时看到，播种后51天的甜瓜的瓜秧平均仅有55厘米长，认为朱某是在5月13日之后才播种的，或者是瓜地受了旱。勘验表明，该瓜地整地质量差，土块疙瘩多而大，杂草甚多，管理粗放。现场的大部分瓜秧已干枯死亡，少量已结的甜瓜有不少日灼现象或烂瓜，瓜内的种子不饱满。

技术分析 我们在田间随机取3个样点，每样点连续观察100株甜瓜，统计其坐瓜率为60.3%。此外，又随机抽取3个样点，每点观察240个瓜。在共计720个甜瓜中，仅发现1个杂色瓜，证明自交系的纯度高达99.9%。由此可见，该自交系坐瓜不良及种子不饱满现象属于栽培问题。

心得小结 自交系是生产杂交一代的亲本材料，应委托可靠的制种户来完成，否则损失极大。

GF02 2016年4月 鄯善县达浪坎乡甜瓜育苗基质伤苗案

案情摘要 2016年4月7日，应鄯善县达浪坎乡育苗户董某委托，我们到该乡阿扎提村对他的育苗基质伤苗事故进行司法鉴定。2015年冬季，董某向乌鲁木齐市某地质改良公司购买了6 000袋育苗基质（每袋装10个育苗穴盘），进行甜瓜育苗后出现僵苗、黄化等现象，造成严重经济损失。

据介绍，董某从事甜瓜育苗已 6 年，前一年使用张某的基质表现正常。当年育苗的甜瓜品种为"新蜜十七号""西州蜜"等早熟品种。现场勘验的 3 座日光温室均为 83 米×8 米的制式温室。董某于 2 月 9—16 日在穴盘中播种，苗龄 30~35 天。现场残留的甜瓜苗均表现幼苗僵化、叶色发黄、根系弱小等异常症状。我们看到，9 号温室中有部分叶色相对正常的幼苗，但其生长量偏小。经查，原来是温室的水管跑水使育苗盘淤积了约 1 厘米厚的淤泥；育苗盘中还有个别叶色正常的幼苗，翻过来一看，原来是幼苗的主根穿越育苗盘底部的小孔伸入温室的土壤。

在鄯善县工商局和农业局 4 同志的见证下，我们打开 3 袋未开封的张某基质取样送检，其中都有超过 3 厘米的砾石。同时还从相邻育苗户提取了山东莘县某基质公司生产的产品作为对照。

技术分析 根据中华人民共和国农业行业标准《蔬菜育苗基质》（NY/T 2118—2012）规定的基质标准和测定方法，我中心综合实验室对基质的质地、容重、总孔隙度、通气孔隙、持水孔隙、气水比、相对含水量、pH 值及电导率等多项指标进行检测。

检测结果表明，张某提供的基质手感粗糙，有砾石等杂质，其容重、相对持水量符合标准，但通气孔隙仅有 4.1%（标准要求>15%），气水比为 1：13.6［标准要求 1：（2~4）］，pH 值高达 7.92（标准为 5.5~7.5），电导率 0.27 偏高（标准为 0.1~0.2）。涉案的基质不吸水。将两种基质分别置于容器中，倒入清水，5 分钟后山东莘县产的基质已全面吸水，而张某的基质吸水性能特别差。根据对通气孔隙、气水比及 pH 值的检测，涉案基质完全不适于育苗。根据无土栽培专著《新编无土栽培原理与技术》一书（邢禹贤编著，中国农业出版社，2002 年）第 115 页列举的 12 种基质材料的气水比，最差的是泡沫塑料，只达到 1：7.13。可见，涉案基质的吸水性能还不及泡沫塑料。

农作物的生长发育，是依靠土壤源源不断地向根系提供水分和各种养分。无土育苗中代替土壤的基质，则依靠具有蓄水保肥功能的有机质不断向根系提供水分和各种养分。基质孔隙度不达标，吸水性能必然差，则直接影响基质的蓄肥保水性能，作物幼苗必然处于饥饿状态中。显然，由于该基质蓄水保肥能力差，必然使董某培育的甜瓜幼苗普遍出现僵化和叶片发黄等伤苗现象。

此外，各类基质向作物根系提供水肥供应，必须在中性环境下才能顺利进行。如果基质碱性较大，根系则不能顺利生长。由于涉案基质碱性较大，根系生长量普遍弱小。

心得小结　涉案育苗基质严重不合格，其中掺入较多吸水性能极差的碱性材料。因蓄水保肥性能差、碱性较大，致使甜瓜幼苗僵化、叶片黄化和根系弱小。

第七节　G 西　瓜

GG01　1998 年 8 月　乌鲁木齐县小地窝铺乡西瓜品种纯度投诉案

案情摘要　1998 年 8 月下旬，乌鲁木齐市种子管理站组织我们来到乌鲁木齐县地窝铺乡对种植户们投诉的由新疆某种业公司生产的"无权"（昌农无权）西瓜的种子质量进行田间鉴定。种植户王某等 7 户从经销商张某处购买了"无权"西瓜种子，结瓜后发现杂色瓜较多，怀疑种子有质量问题。

现场看到，王某等人的瓜地为沙壤土，前茬以玉米为主、少量为甘蓝，土壤结构良好，肥力中等，当年 5 月初点播，共计 4.7 公顷，田间没有缺苗问题。现场看到，田间植株符合无权西瓜特性，根据瓜皮花纹和果形特征，田间混杂有少量杂色瓜。

技术分析　我们随机取样 5 点，每样点连续观察 100 株，统计其杂株数，最后测得纯度为 95.67%。该批种子不存在发芽率问题，其品种纯度和种子袋上标注的纯度 96% 只有细微距离，达到杂交一代种子 95% 的纯度指标。

心得小结　本案经销商张某是我从事技术鉴定工作以来态度最好的投诉对象。他的诚恳态度不仅得到种植户的谅解，也使我深受教育。后来他创办的种业公司后来成为当地龙头企业，还被评为自治区和州、市消费者信得过的诚信单位，其商标成为自治区著名商标绝非偶然。

GG02　2003 年 9 月　哈巴河县红籽打瓜风害绝收"骗保案"

案情摘要　2003 年塔城市种植户张某等 3 人承包了哈巴河县西郊 200 公顷地进行红籽打瓜（籽用西瓜）生产。该地是和哈萨克斯坦接壤的沙荒地，地表起伏不平。其东北至东南面是一条蜿蜒的溪流，西面有一条南北走向的大渠。张某等人采用移动式喷灌解决西、北、东三面的灌溉问题。他们在南面打了机井，以保证南面的水源。5 月上旬播种后，出苗正常。张某等人和当地各族农牧民熟悉后，有人告诫他们，这块地处于风口地带，风害严重时可刮走 10 厘米厚的土层。张某等人觉得有必要到保险公司进行投保。经借贷集资 3 万元，他们于 6 月 13 日进行投保。

不料投保后不到 48 小时，一场特大暴风整整刮了一天多，所有的打瓜幼苗连同地表土层都被大风刮走了。该县保险公司受理投保后存在违规操作，发生风害后想以农户"骗保"而拒赔。公司请来 5 名农业专家进行现场勘验，结论是张某等人在仅有 3 眼机井、缺乏水源的情况下，不可能种植 200 公顷打瓜，是"骗保"行为。此案经法院审理后，张某等人向新疆高级法院提出上诉。当年 9 月下旬，新疆高级法院技术处组织我们到现场进行复验。

技术分析　第一，核对合同。我们查阅了种植合同，张某等人承包200公顷土地的面积是真实的。第二，检查干渠。现场西面有一条南北走向的大渠，说明西面水源充足。第三，察看溪流。我们从打瓜地的东北走到东南，地边有一条流向哈巴河的小溪，沿途留有民工工作时烧水的痕迹。我们还从草丛中找到一个小打瓜，其中是鲜艳的红瓜子。第四，寻找瓜苗。受风害的瓜地已面目皆非。我们在田间找到几处大土块，其下留有干枯的打瓜苗，属于4片真叶苗期，这和风害发生的时间吻合。第五，检验机井。我们到南面察看了4眼机井（1眼已损坏），证实种植户在有水源的情况下采用移动式喷灌种了200公顷红籽打瓜，并在4片真叶期遭受特大风害而绝收。

那么，专家们为何轻率做出"骗保"的结论呢？据在场民工说，专家们到现场时，一下车就遇上刮大风而睁不开眼，听了保险公司领导介绍、看了机井后就走了。

心得小结 这是一起典型的、由技术专家鉴定的错案。保险公司是否特地选在大风天气进行勘验不得而知。事后，种植户得到赔付，县保险公司领导受到处分。

GG03　2007年6月　玛纳斯平原林场西瓜种子质量投诉案

案情摘要 2007年6月14日，昌吉州种子管理站组织我们来到玛纳斯平原林场，对种植户们投诉新疆某种子公司出品的"双冠1号"西瓜种子质量问题进行司法鉴定。我们勘验了种植户王某、米某、杨某等7户瓜地，每户连续调查50株西瓜植株，共计350株，其中杂株7株，"双冠1号"西瓜的纯度为98%，属于合格种子。勘验表明，瓜田土壤结构良好，肥力中上，田间杂草不多，无病虫为害，但植株生长过旺，结瓜偏少。

技术分析 经了解，这些瓜农均为来自宁夏的回族移民，缺乏在新疆种西瓜的经验。"双冠1号"西瓜生长势旺，分枝能力强，应采用单蔓整枝，否则营养生长过旺影响结瓜。

心得小结 有组织的移民是脱贫的重要手段。但在移民后还需要热情、科学地指导他们掌握经济作物的栽培技术。对待移民的群体投诉应热情接待，耐心解释，避免激化矛盾影响安定团结。

第八节　H 瓠　瓜

瓠瓜是最古老的瓜类作物，最初人类是将老熟的瓠瓜作为容器使用，而且当时的瓠瓜都是苦味的。大约在 800 多年前出现了不苦的有利变异，我们祖先将这种不苦的瓠瓜经长期人工选择，培育成了今日众多的瓠瓜品种。栽培瓠瓜可搭架，亦可匍匐栽培。其花冠白色，在夜间开放。果实有梨形及棒槌形等。瓠瓜在生产中会出现严重发苦现象，这是不同基因型天然杂交后出现的返祖现象。

GH01　1991 年 7 月　乌鲁木齐驻军某守备旅瓠瓜严重发苦

案情摘要　1991 年我们蔬菜教研室为乌鲁木齐驻军某守备旅进行技术服务。该旅的后勤管理工作居全军前列，总后勤部决定当年 8 月在乌鲁木齐召开现场会。为充实营院种菜并结合美化需要，我们和部队选择了瓠瓜作为栽培种类之一。我们知道瓠瓜不可随意四处引种，以免出现严重发苦现象，特规定所有连排不得自行引种，由该旅后勤处统一购种。可是，就在瓠瓜开始成熟时，部队告知有的瓠瓜严重发苦，甚至将这些瓠瓜送给兄弟部队的领导，影响很大，真令人防不胜防。

技术分析　经了解，该旅 3 个营区中，仅在西营区 2 营发生严重发苦现象。其中，1 连王连长负责的地块特别严重。这种发苦的瓠瓜从外形上无法识别，即使作为饲料连猪都不吃。

1979 年在重庆召开的"全国蔬菜科研工作会议"上，我的大学班主任、福建农林大学张谷曼教授就做了有关瓠瓜发苦问题的学术报告。

据张谷曼教授研究，控制瓠瓜发苦有两对基因：苦味基因 Bt 和显性基因 I，二者缺一就不苦。当 Bt 突变为 bt，或者 I 变异为 i，就出现可食用的瓠瓜。正常的瓠瓜基因型有纯合型的 $BtBtii$、$btbtii$、$btbtII$ 及杂合型的 $Btbtii$、$btbtIi$ 共计 5 种。在天然杂交的情况下，很容易出现 $BtbtIi$、$BtBtIi$ 及 $BtbtII$ 等基因型。瓠瓜就产生葫芦苷 B（$C_{32}H_{46}O_8$），于是就奇苦无比。

进一步调查后发现，原来 2 营 1 连王连长的母亲从华北前来探亲，她主动协助儿子管理菜地。她发现瓠瓜缺苗，就将老家带来的瓠瓜种子补种了。由于种了计划外的种子，经天然杂交瓠瓜就出现了返祖现象。

心得小结　部队官兵告诉我，发苦的瓠瓜依然有观赏价值。如何判断瓠瓜是否发苦，我摸索出一种办法：将瓠瓜果柄（瓜把）附近的表皮用指甲轻轻刮一下，用舌头一舔就知是否发苦。至于是否从不发苦的瓠瓜上留种，我们担心其后代还会出现发苦的瓠瓜，所以建议干脆全部换种。

第九节　I 苦　瓜

苦瓜起源于亚洲热带地区，含有一种糖苷，故有特殊的苦味，在许多国家都有广泛栽培。苦瓜要求的发芽温度高于冬瓜，在 20℃ 以下发芽缓慢。苦瓜种皮较厚，在播种前应和冬瓜一样进行热水烫种处理，并在较长时间的催芽过程中，每日清洗其种皮的角质层。

GI01　1995 年 3 月初　马兰基地后勤管理处温室苦瓜不出苗

苦瓜要求比冬瓜更高的温度，本案的案情摘要、技术分析及心得小结等都和冬瓜（参见 GB01）的叙述一样。

第十节　J蛇　瓜

蛇瓜别名蛇丝瓜、龙豆角，是葫芦科栝楼属的栽培种，其嫩果、嫩叶及嫩茎皆可入菜。蛇瓜叶片掌状，5~7裂，边缘有锯齿，叶面有茸毛，其卷须分歧。雄花总状花序，偶有单生，花白色，花瓣及花萼各5个，花瓣丝裂并卷曲，别具一格。果实细长（40~120厘米长，3~5厘米粗），末端弯曲如蛇故得名。成熟果实红褐色，可供观赏，但有腥臭味，不可食用。种子浅褐色，近长方形，表面粗糙，有两条平行小沟。20世纪80年代，有人曾以"龙豆角"的名义在全国销售蛇瓜种子。

GJ01　1988年6月　勘验乌鲁木齐市六道湾居民引种"龙豆角"

案情摘要　1988年6月底，应乌鲁木齐市科协委托，本人前往乌鲁木齐市六道湾于某庭院察看"龙豆角"引种情况。于某是工程师，喜好在院内种花种菜。他从报纸上看到"龙豆角"的广告后，就买种子来试种。当种子寄来时，他就怀疑不是豆类种子。他于4月上旬在室内花盆中播种育苗，5月中旬蛇瓜幼苗4片真叶时定植于庭院内。开花时发现"龙豆角"的花很奇特，但不是豆类的花。而且，结果细长，似乎有菜豆（豆角）气味。

技术分析　"龙豆角"也称"大豆角"，其实就是蛇瓜。1964年8月我到乌鲁木齐县红星公社宁夏湾大队拜访菜农王师傅。当我推开他家的大门，迎面而来是色彩斑斓的老熟蛇瓜，着实吓人一跳。他告诉我，在河北老家称之为"大豆角"。我将有关蛇瓜的信息告诉于工，并说待蛇瓜成熟时非常像蛇。如今，各地农业观光园都种植蛇瓜作为观赏植物。

心得小结　当年我认为蛇瓜果实太长，销售不便，在瓜果之乡的新疆没有必要作为蔬菜来发展。几十年过去了，我的判断还是对的。

第八章 茄果类
（代号 H）

第一节　A 番　茄

A 鲜食番茄

蔬菜生产中单位面积产量最高的当属保护地番茄。20 世纪 80 年代初，新疆农科院园艺所就示范过塑料大棚番茄亩产超 12 吨的种植技术。回想 1958 年我上学时，全班同学种番茄丰产田（品种"大果红"），大家费尽洪荒之力才战胜青枯病为害，亩产离 5 吨（万斤）还差 100 多千克。几年前，新疆吐鲁番温室番茄曾创造亩产 40 吨的高产纪录，令人深感蔬菜科学之魅力无穷。

HAA01　1984 年 5 月　乌鲁木齐市某农场塑料大棚番茄蘸花药害

案情摘要　1984 年 5 月中旬，乌鲁木齐市某农场塑料大棚早熟番茄使用 2,4-滴丁酯溶液蘸花进行保花保果作业后，第一花序很快就出现发黑现象。第一花序是产值最高的早熟番茄的根源，由此造成的经济损失令人十分着急。

技术分析　进入大棚后，我首先闻到一股 2,4-滴丁酯（2,4-二氯苯氧乙酸）的气味。经调查，花序发黑现象发生在首次蘸花作业之后的当天中午。我询问当事人是如何配制2,4-滴丁酯药液的。在气候干燥的新疆，番茄蘸花的2,4-滴丁酯药液的浓度是15毫克/千克，内地的浓度可增大至20毫克/千克。由于2,4-滴丁酯水剂的有效成分是5%，配药时应将1毫升水剂加清水3 333毫升，但当事人用吸管取1毫升水剂后，只加清水330毫升，结果配制的2,4-滴丁酯药液的浓度成了150毫克/千克，是规定浓度的10倍。上午将药液用喉头喷雾器蘸花后，中午棚内的番茄花序就变黑了。保花保果作业变成了杀花灭果。

当时生产中使用的2,4-滴丁酯主要是其钠盐，因为纯品2,4-滴丁酯是不溶于水的，只能溶解在酒精中后再行稀释。我曾亲自用分析天平称取纯药配制药液，经酒精溶解并稀释后发现，使用20毫克/千克的浓度蘸花会使番茄产生裂果。

心得小结　把农药配错造成恶果，这个教训是很深刻的。当时我闻到的药味是2,4-滴丁酯同分异构物产生的，纯品2,4-滴丁酯并没有强烈气味。此后有了2,4-滴丁酯的换代产品——对氯苯氧乙酸钠（番茄灵、PCPA），其安全性也更好，番茄蘸花使用的浓度为25~30毫克/千克。

HAA02　1989年4月　乌鲁木齐县七道湾乡番茄育苗神秘咨询

案情摘要　1989年春，乌鲁木齐县七道湾乡政府响应"双放搞活"号召，约请我们进行早番茄的技术承包。由于确定的时间较晚，我们已不能推荐优良新品种，只能做好育苗和定植后的田间管理工作。4月下旬某日刮大风后，二队农户张某非常神秘地要单独向我咨询"弄死番茄苗有哪些办法？"我非常吃惊，从来没有人这样怪异地咨询我。原来，他不认为番茄幼苗是冻死的，而怀疑有人加害他。现场看到，该农户的育苗温室仅18米²，大风刮掉棚膜，致使室内幼苗已大部分冻死。东面山墙下有个圆形的进水口，堵塞物已被大风吹走了。

按理说，这里的温度应该是温室中最低的。奇怪的是，此处的幼苗反而安然无恙。

技术分析　在现场张某否认得罪过任何人。我向该农户用排除法分析这一问题。要弄死番茄苗的办法有：①用某种农具铲苗；②喷洒有害化学溶液；③倾倒机油；④放禽畜进入糟蹋等，以上各种均无痕迹。由此肯定，张某大部分幼苗是夜间失去棚膜保护后因低温冻死的。至于进水口附近的幼苗正常只有一种可能，被大风刮破的塑料薄膜有一块落到进水口附近，使幼苗得以保护。可是，为何现场看不到残存的薄膜呢？我怀疑是否有人比他先来过现场。此时张某突然想起，也许他哥在刮风后来看过。当时他哥上街卖菜去了。待他哥午间归来，情况和我判断的一样。他哥在大风后见到其弟的温室棚膜受损，随手将进水口附近的残膜捡走了。

心得小结　此事让我联想到《伊索寓言》的一则故事：有一个人斧头丢了，他怀疑是邻居偷的。看邻居做什么事情都像是偷斧头的。后来斧头找到了，再看邻居一切重归正常。

HAA03　1989 年 5 月　乌鲁木齐县七道湾乡番茄部分植株黄化

案情摘要　1989 年 5 月，乌鲁木齐县七道湾乡有两位是亲戚的王姓农户急切地要求见我。他们共同的问题是番茄幼苗定植时，分别种在两个生产队，可是田间部分番茄植株同时出现了严重的黄化现象。

技术分析　当我和他们俩向现场走去时，了解到出现黄化的番茄是他们自己留种的。我当即怀疑留种的番茄品种是陕西培育的杂交一代品种。当时番茄育种特别重视使用一个抗病毒病的育种材料——玛纳佩尔 TM^{2NV}，这是一个植株黄化的父本材料。我们很快走到番茄地头的斜坡上。放眼望去，位于低处的番茄地里星星点点地分布着不少黄化植株。我叫他们俩停下观察，测算一下黄化植株是否占 1/4 左右。

黄化植株是隐性性状，杂交一代出现的是显性性状。而自行留种带来了杂交二代显性和隐性 3∶1 的性状分离。然后，我告诉他们为何杂交一代品种不能留种的基本道理。

心得小结　如今在蔬菜产区，这种将杂交一代优良品种自行留种的现象已经消除了。然而在蔬菜生产新区和一些市民种植的地里，还会见到有人将品质优良的番茄果实自行留种的后代。

HAA04　1989 年 6 月　乌鲁木齐县七道湾乡番茄果实畸形案

案情摘要　1989 年 6 月 18 日乌鲁木齐七道湾乡七道湾村一队正值露地番茄结果期间，某农户的番茄果实畸形特别严重。我们怀疑是使用保花保果的激素类药物出现问题。当询问该农户是如何配制蘸花药液时，他竟然吞吞吐吐说不清楚。

技术分析　当年乌鲁木齐市郊菜农普遍使用 2,4-滴丁酯蘸花来进行番茄保花保果。当时大家手中有 3 种 2,4-滴丁酯产品：10% 片剂、10% 粉剂和 5% 水剂。后者是老产品，药瓶底部有很厚的结晶，配制的药液具有强烈的药味。此前已提到，纯品 2,4-滴丁酯是白色结晶，并无强烈的药味。这种药味来自生产农药时产生的同分异构体。2,4-滴丁酯使用浓度为 15 毫克/千克，浓度低，而且价格也非常便宜。

经了解，该农户的亲戚是水稻产区的，其岳父摸索出一个番茄的蘸花药剂：用筷子在水稻除草剂 20% 2,4-滴丁酯药液表面轻轻蘸一下，然后在 1 只装 0.5 千克清水的酒瓶中搅拌几下即可。其岳父将该配方作为秘方悄悄传给他的儿子。而该农户私下打听到这个奥秘。然而他用筷子蘸除草剂时可能插得较深，于是浓度就大幅度加大，出现了严重的药害。

心得小结　改革开放后，种植户之间客观上成为竞争对手。因此农村中的技术交流往往仅限于至爱亲朋之间。各地农村中不乏这类"秘方"。有些农民甚至还有"只传儿子不传女婿"的保守思想。本案就是一起很典型的案例。

HAA05　1992 年 9 月　乌鲁木齐县七道湾乡番茄假种子案

案情摘要　1992 年 9 月乌鲁木齐县七道湾乡种植的"毛粉 802"番茄出现杂乱果实。本应是粉红色的果实，田间竟然出现许多黄色和火红色的果实。应该乡农科站约请，我们到现场察看。显然，这是假种子，至于是何人造假则不知。经销商是一对下岗的夫妇，他们租用新疆农业科学院的门面房，就冒充农科院下属单位卖种子。

技术分析　这起假种子案曝光后，这对夫妇立即到每个受害的农户家登门请罪。而且，他们俩专门向老人下跪请求谅解。结果每家菜农露地番茄每亩数千元的损失仅得到象征性的补偿。

心得体会　中国农民是世上最善良的，尤其是一些吃过苦的老农在家庭遭受较大经济损失的情况下，依然怀着怜悯之心，要求子女原谅销假种子的商贩。另外，从此案也看到，在种子出问题的情况下，争取受害人谅解对解决问题是非常重要的。

HAA06　1995 年 6 月　塔什库尔干县边防团温室番茄苗色偏黄

案情摘要　1995 年新疆军区后勤部在喀什地区塔什库尔干塔吉克自治县某边防团举办全军高原农副业生产现场会。该县海拔 3 300 多米，历史上从未生产过成熟的红番茄。我在当地为边防驻军进行技术培训后，制订了种植温室番茄等蔬菜作物的生产计划。我利用高原季节较晚的特点，为部队购买了蔬菜种子，委托喀什市郊的菜农进行露地育苗。由于本职工作较忙不能蹲点，在管理期间我每周两次定时听取部队的情况报告。6 月中旬，部队同志来电反映因连续阴天，番茄苗色出现偏黄现象，亟待解决。

技术分析　高原的气温和地温都比较低，部队官兵在认真管理下出现番茄苗色偏黄现象，主要是连续阴天，幼苗叶绿素形成较少的结果。为此我建议：①连续喷洒叶面肥料（0.3%磷酸二氢钾+0.5%尿素+2滴叶面宝/升），直到叶面正常为止；②适当浇温水：在温室中烧热水，兑冷水后至不冰手为原则，用水瓢给每株番茄浇点水；③加强中耕：赶制一些"Y"形火钩，浇水后能下地就细心进行中耕以提高地温，促进根系发育。高原部队的同志按照我提出的管理措施实施10天后，番茄幼苗叶色就恢复正常了。

心得小结　俗话说"见苗三分收"，只有番茄幼苗叶色正常后，才能为其果实成熟奠定基础。当年暑期，全军高原蔬菜生产现场会如期在塔什库尔干县召开。来自全军各军区、各兵种的代表云集喀什市后驱车200多千米来到该县。大家参观了该边防团温室群内种植的各种蔬菜，品尝了帕米尔高原首次种红的番茄后，纷纷赞扬高原部队蔬菜生产上做出的巨大成绩。总后勤部沈副部长激动地说："你们种的不仅是番茄，是生命，是一种精神！"我们为驻疆部队进行科技拥军的事迹也陆续出现在国内主要媒体上。

HAA07　1998年6月　昌吉市城郊乡番茄植株生长异常

案情摘要　1998年6月上旬，有位男士拿了一株枝叶异常的番茄植株到新疆农科院园艺所咨询是何病。我因办事先来了一步。当时王所长客气地请我分析原因。发生枝叶异常的是塑料大棚中的番茄植株，其叶片扭曲而皱缩，但色泽较鲜亮，这是明显的药害。据介绍，异常现象是在6天前喷了叶面肥之后发生的。他曾怀疑喷雾器用过除草剂，但村技术员说该村从未用过除草剂。

技术分析　我想起《新疆科技报》不久前上发表了我的一位学生罗某写的《食醋的妙用》短文。其中提到，使用100~200倍的食醋水可解除药害。我建议该男士权当"死马当活马医"试试看。不料1周后新疆昌吉农校（现新疆农业职业技术学院）李老师前来找我，她说前面到园艺所的男士是她的成人班学员，正在昌吉市城郊乡实习。该学员用150倍食醋液喷洒后，药害症状很快就消失了，令村民和实习学员大喜过望。随后，该村技术员才承认喷雾器打过矮壮素。李老师请我到城郊乡进行一次现场教学。我看到发生过药害的大棚番茄植株已恢复正常，说明食醋确实可缓解矮壮素的药害。

心得小结　从事农业科学不但要虚心向农民群众学习，也要向一切有实践经验的人学习，包括自己的学生。20世纪90年代，我曾担任昌吉农校的科技顾问。2003年该校向我校聘了两名客座教授，我又荣幸地受聘了。

HAA08　2003年2月　吐鲁番市亚尔乡早熟番茄幼苗异常生长案

案情摘要　2003年3月，受新疆农科院园艺所委托，我来到吐鲁番市亚尔乡，对温室种植户张某购买农科院园艺所"新番3号"种子育苗中出现异常生长的投诉进行现场勘验。种植户张某来自甘肃，他出示了保留的"新番3号"幼苗。这些番茄幼苗上的第一花序已明显老化，植株不再生长，俗称"花打顶"苗。他是在后面的加温温室中部进行番茄育苗。为了辅助加温，他用卡车车圈制作了一个简陋的煤炉，安放在温室中部的南边，煤炉上安了一个向后墙延伸的铁皮烟筒以排烟。烟筒之下是南北走向的塑料小棚育苗畦。其中培育的番茄苗以有限生长型"新番3号"为主，还有无限生长型"新番1号"。

根据经验，这种简陋煤炉每次加煤后必定四处冒烟，番茄幼苗必然受到烟熏。但是张某说这几年他都是这样进行番茄育苗的，没有出过问题。但是，2002—2003年冬春，当地气温较历年同期冷得多。张某8米×75米的温室也比往年多烧了2吨煤，温室内受烟熏的影响肯定比往年重。

技术分析 为证实幼苗是遭受烟熏的不良影响，我们找到百米之内，同样使用园艺所"新番3号"种子育苗的四川籍种植户陈某。他为避免烟熏，宁可浪费部分热量而将煤炉设在后墙外。由于温室内没有烟熏，他培育的幼苗正常，完全不知"花打顶"苗为何物。经过对比，张某对幼苗被烟熏而生长异常似乎有了理解。但他又说，同在一个小棚内的"新番1号"幼苗为何没有出现"花打顶"？我指出，早熟番茄品种花芽分化非常早。有文献指出，当早熟品种长出第一片真叶时，幼苗生长点就分化出第一花序的原始体。"新番1号"是无限生长型品种，其花芽分化比较晚，显然是躲过了烟熏的影响。此时，种植户张某才心悦诚服地接受我的技术分析。

园艺所的年轻专家一再说，怎么就没想到烟熏的问题呢？我说你们没有长期劳动的经历，更不必学盘煤炉、砌火墙，所以对煤炉是否会冒烟没有经验。

心得小结 新疆农科院园艺所是西北地区著名的番茄育种单位，培育出很多番茄优良品种。能为专家们解决技术问题，实在荣幸。

HAA09　2010年4月　托克逊县夏乡温室番茄果实畸形案

案情摘要 2010年4月，托克逊县夏乡布拉克拜什村种植温室番茄的农民投诉西安某蔬菜研究所出品的"金棚一号"番茄畸形果严重。我们应邀来到该村6队，现场勘验了杨某、艾某、阿某等6家的温室，还对照了阿克塔格村3队热某、马某种植的"北斗新冠"及依拉湖乡康克村3队种植"天粉1号"的番茄温室。

技术分析 我们发现，番茄果实畸形现象和品种没有直接联系。造成畸形果的原因是当地使用了预防灰霉病、兼有保花保果作用的甲硫·乙霉威（俗称"红药"）进行蘸花。调查中得知，有经验的种植户发现，按药品说明书要求每包药加水1.5千克进行蘸花，番茄就会产生药害畸形果。如将水量加大到每包加水 4 千克，畸形果就消失了。

心得小结　多年实践表明，在气候干燥的新疆，尤其是吐鲁番盆地农区使用激素类农药及其他杀虫剂，要特别注意适当降低使用浓度。

HAA10　2012 年 5 月　察布查尔县温室番茄品种混杂案

案情摘要　2012 年 5 月下旬，受察布查尔锡伯自治县人民法院委托，我们来到伊犁地区察布查尔县对朱某、余某等 10 余家种植户投诉该县某种子经销部经销的"红冠 1 号"番茄种子进行司法鉴定。据介绍，种植户们在 2011 年 11 月 22 日前后播种育苗，2 月初定植温室。不料 4 月中旬在番茄蘸花后，发现幼果及植株异常，于是提出种子质量投诉。我们察看了孙扎奇乡雀尔盘村、良繁场 1 连及纳达齐乡纳达齐村共计 13 座温室，随机抽查了 59 条栽培垄上的 2 470 株番茄，发现植株较矮、果形长椭圆的异常株占总数的 25.7%。其中最高的是王某（38.0%）及夏某（37.0%），最低的是赵某（12.3%）。

技术分析　此前当地请来的植保专家认为是一种新型的番茄病毒感染，并将样本寄送北京专业部门化验后被否决。我一进温室就怀疑是混入了加工番茄种子。切开番茄果实，"红冠 1 号"是 4 个心室，而异常植株的果实是 2 个心室。而且后者全果通红，胎座及果肩无绿色，分明是加工番茄无疑。种植户们说此前使用该品种已数年，一直表现不错。由此说明，本批次的"红冠 1 号"肯定是混进了加工番茄的种子，混杂后出现异常植株是必然现象。

心得小结　此前我们也处理过类似案件，某科技部门在番茄制种的最后装袋工序中，工人不小心将晚熟的、无限生长型的番茄种子装进早熟的、有限生长型（俗称"自封顶"）番茄品种的种子袋中。这种工作失误的教训是值得我们汲取和重视的。

HAA11　2014 年 4 月　托克逊县温室番茄 3 个新品种结果不良案

案情摘要　2014 年 4 月下旬，受托克逊县种子管理站委托，我们前往该县郭勒布依乡、夏乡、波斯坦乡及依拉湖镇，对种植户时某、艾某等投诉"粉雅迪""威霸 0""金棚全胜"等番茄种子质量问题进行现场勘验。2013—2014 年冬春，当地出现"大寒不寒，立春不春"的气候异常现象。2 月上旬之后，出现低温和连续阴天天气。在弱光条件下，各族菜农普遍喷洒叶面肥、保花保果药剂及番茄膨大剂等化学溶液，出现畸形果、异常叶的现象较多。这都不是品种纯度及其特性的问题。我们检查了 12 座温室，3 个品种的番茄种子未发现有质量问题。

技术分析　此前，吐鲁番盆地温室主栽品种为"金棚"系列及"东圣 808"等品种。这些品种综合性状较好，比较适合当地自然条件及消费习惯，各族菜农也比较熟悉。然而，当地温室番茄普遍连作，致使病毒病逐年加重。地区有关领导特地引进"粉雅迪""威霸 0"等高抗病毒病的新品种。但在气候异常的情况下，新品种的表现反而不及原有品种。

"粉雅迪"是高抗病毒病品种，在吐鲁番盆地推广后普遍表现不良。其第一花序坐果期间，对保花保果药剂尤为敏感。轻者果面出现明显果沟，影响品质；重者果实畸形，无法销售。然而，波斯坦乡及夏乡普遍使用北京某科技公司出品的"新保花保果乐"蘸花，畸形果远较其他乡镇轻。

"威霸 0"是适合温室深冬栽培的番茄品种，植株生长势强，推荐密度为 1 800 株/亩，但在郭依布勒村时某温室中却高达 3 000 株/亩，因密度过大，在异常气候下，坐果较差。而且，该品种果实坚硬，果形较扁，作为春提前栽培时缺点突出。

"金棚全胜"在当年气候异常情况下，前期果型较小是普遍现象，气温回升后，果型明显改善。

心得小结　世上没有十全十美的优良品种，高抗病的品种难免有品质不佳的缺点。本案症结是推广温室栽培时，一定要考虑主作物和接茬的轮作种类。千万不能曲解"一村一品"概念，长期连作某一种作物。

HAA12　2014 年 4 月　特克斯县温室番茄结果不良投诉案

案情摘要　2014 年 4 月 26 日，受特克斯县种子管理站委托，我们来到该县呼吉尔特乡库尔乌泽村，就 11 家种植户的温室种植"方丹74-586RZ"（以下简称"方丹"）进口番茄品种结果不良原因进行司法鉴定。该品种系石河子某农业科技公司引进，在当地种植已进入第4 年，2013 年春季该县农业局曾召开现场会予以肯定，但在当年却出现结果小、畸形果较多、病害较重的不良表现。当地菜农怀疑品种不纯、是杂交二代种子等。

在现场我们抽查了双方指认的 16 座温室（含 1 座育苗温室及 1 座其他品种对照）。"方丹"番茄为无限生长型、3 心室扁圆形品种，2013 年 11 月 3—4 日播种育苗，12 月 25 日至翌年 1 月 5 日出售给种植户，定植株行距为 40 厘米×60 厘米。现场勘验表明，当年该品种果实偏小，畸形果较多，还有一些空洞果。其中，侯某温室中有 800 株番茄因感染晚疫病死亡而绝收。温室内番茄植株还患有番茄早疫病、灰霉病、叶霉病及菌核病等多种病害的混合感染。表现最好的吴某温室，其产量也比对照的其他品种减产约 20%，其余的项某、赵某等 10 座温室番茄减产约 40%。

技术分析　2013—2014 年冬春，伊犁地区出现了"大寒不寒、立春不春"的异常气候。2 月上中旬低温寡照的天气较多，菜农使用激素类进行保花保果的用药量较往年多，因而畸形果及空洞果也相应增多。"方丹"在当年异常气候下，表现出抗逆性相对较差、感病较多，但基本性状较整齐，未发现品种混杂或性状分离现象。

心得小结　此案表明，在不良气候条件下，优良的进口品种有时抗逆性也很差。

HAA13　2015 年 5 月　山东惠民县清河镇番茄果实严重畸形案

案情摘要　2015 年 5 月 6 日，受山东省惠民县人民法院委托，我们来到该县清河镇古炉李村，就村民委托该县某育苗基质公司培育的番茄苗结果期出现严重畸形果的原因及经济损失进行司法鉴定。据介绍，该村李某贞、李某国、李某刚等 7 家种植户 2014 年 10 月买来西安市某种苗公司出品的"金棚百兴"番茄种子，委托本县某育苗基质公司育苗。该公司在 2 月 8 日及 28 日分两批交苗，交苗时幼苗有 7~8 片真叶、可见米粒大花蕾，定植后不久就开花，用供苗方提供的蘸花药液（PCPA）进行保花保果，不料出现严重的畸形果。

现场看到，种植户们的塑料大棚规格不一，但棚内土壤结构良好，肥力中上，无盐碱危害，当地大棚均采用 3~4 层塑料薄膜覆盖及地膜覆盖栽培，株行距（40~50）厘米×（70~90）厘米，单干整枝，吊蔓栽培。棚内番茄长势良好，无明显病虫害。我们抽查了 3 户塑料大棚，均为 2 月 28 日交的第二批苗，其中已结果的 3 穗果实几乎全部畸形。在梅集村的梅某及邵家村的丁某也出现同样的畸形果现象。这些畸形果不论大小顶部均有大块下陷的疤痕，有的可见种子外露；很多果实顶部形成不规则的突起，甚至还萌生 1~2 层畸形突起（彩图 13）。在李某贞和李某国的两座大棚中，定植时因苗不够，分别定植了由滨州某种苗公司培育的"金棚百兴"番茄苗。这些滨州苗的植株结果累累，形成了巨大的反差。

勘验中看到，李某刚种的 0.4 公顷大棚，定植的幼苗既有 2 月 8 日的，也有 2 月 28 日提供的，畸形果都很严重而失去商品价值。

育苗方技术员刘某称，他们在 2014 年 12 月开始育苗。为控制旺长，曾分别在 1 月 11 日和 1 月 30 日使用一种叫"叶绿素"的叶面肥进行喷洒（10 克药兑水 60~70 千克）。育苗方认为，畸形果是种植户在低温气候下使用激素过多造成的。

据县法院提供的资料，育苗方使用的"叶绿素"系乐陵市某复混肥有限公司出品（10 克装）。其上的说明称其"功能特点"是："补充作物微量元素，促进叶绿素形成，用后作物不徒长，植株健壮、抗倒伏、保花保果，安全无副作用，增厚变绿，花量增加，作物产量大幅度增加。"还标明番茄是适宜使用作物。但在"注意事项"上指出："本品不得和碱性农药、激素类叶面肥混用。"但是，各种植户在定植后不久番茄进入初花期，都用激素蘸花。

技术分析 李某贞和李某国的大棚番茄表明，两个育苗单位培育的同品种番茄幼苗，同期分别种植在两家大棚中，滨州某种苗公司培育的番茄幼苗表现完全正常；而本县某育苗基质公司培育的幼苗生长的植株在大棚内普遍出现严重畸形果。由此说明，畸形果并不是早春低温或使用生长调节剂浓度过大，而是与某育苗基质公司育苗中的不当措施有关。该公司两次送苗时，村民们对幼苗的质量皆无异议。但在结果期间出现全面严重畸形果实，说明客观上存在具有很强内吸作用，并能在植株体内存留较长时间的不明化学物质。

番茄保护地生产中时常发生因低温引起第一穗果中出现个别畸形，但和本案的严重畸形果完全不是一回事。这种严重畸形果现象是罕见的，就连国内著名的番茄专家也没有见过。某育苗基质公司在育苗期间使用了"不得和激素类叶面肥混用"的"叶绿素"是最大的嫌疑物质。

我国保护地番茄栽培仍然普遍使用生长调节剂，即激素类物质。据《中国蔬菜栽培学》（第二版）第 713 页关于番茄"保花保果"部分指出："在外界环境条件不适宜时，有落花落果现象。""若是由于温度过低或过高所引起的，则可用生长调节剂来解决。比较有效的生长调节剂有 2,4-滴丁酯（2,4-二氯苯氧乙酸）、防落素（PCPA，对氯苯氧乙酸）、BNDA（β-苯氧乙酸）、赤霉素及萘乙酸等。"该书还列举了常用的 PCPA 的使用浓度等。因此，番茄生产使用激素类物质是中国农业的国情，某育苗基质公司使用"叶绿素"控制旺长是导致严重畸形果的主要原因。

我们将现场勘验的意见及相关照片发给中国农业科学院蔬菜花卉研究所著名番茄专家高振华研究员和植物学博士贺超兴研究员，征求他们俩对技术分析的意见。两位新、老专家均表示没有见过这么严重的番茄畸形果现象，赞同畸形果是药害造成的技术分析。但贺超兴研究员表示，目前尚无技术手段对这种畸形果的成因进行检测。

心得小结 山东惠民县发生的番茄果实严重畸形现象是我从业以来见到的最为严重的药害。当前农村离不开形形色色的"素"，有让果实膨大的、有增甜的、有抗重茬的、有控制旺长的，也有刺激生长的，给技术鉴定带来许多不确定因素。稍有不慎，就会误判。

HAA14　2016 年 6 月　托克逊县夏乡温室番茄水淹案

案情摘要 2016 年 6 月 24 日，受托克逊县人民法院委托，我们来到该县夏乡奥依曼村，对种植户马某的番茄温室受当地电厂水管破裂水淹的经济损失进行司法鉴定。马某是科技示范户，该县在筹备 3 月 26 日杏花节活动中安排他准备 5 座番茄温室供游客采摘。不料 2016 年 3 月 9 日及 22 日，因通过马某温室中的电厂水管两次爆裂，使温室种的番茄遭受水淹的严重损失。

据调查，水淹的温室有南北两座：北温室为锅炉加温的越冬茬番茄，使用从连云港空运来的"潍粉 208"嫁接苗（1.6 元/株），共 74 畦，34 株/畦，660 米^2；南温室为日光温室春提前番茄，种植马某自己育苗的"日本硬粉"74 畦，36 株/畦，687 米^2。3 月 9 日早晨 8 时，电厂通过南温室的水管爆裂，经修复后 22 日上午 9 时再次爆裂，本次水量甚大，不仅淹没南侧温室，而且水流还越过两座温室之间 940 米^{2}的间隙地流入越冬茬的北温室。现场见到，间隙地上已没有盐碱斑，说明地表盐分已大量进入北温室内。

据介绍，越冬茬番茄在 2015 年 10 月 1 日定植，3 月 22 日淹水时距离 26 日杏花节仅 4 天，其植株上第 1~3 穗果实已转红。由于温室内地上都是积水，电厂派人抽水直到下午 4 时半。这些番茄很快开裂、腐烂，导致绝收。而南温室 22 日大量淹水时，第 1 穗果实正处于变色期（绿熟期），第 2 穗果实处于膨大期，第 3 穗果实刚坐果。

技术分析　为计算经济损失，我们将南侧温室的损失分为三级：因施工绝收 6 畦；11 畦为严重淹水，每株减产 4 千克；57 畦为中度淹水，每株减产 1.5 千克。每亩产量均按 16 吨计算。北温室的番茄按 50% 被游客采收，杏花节中 12 元/千克；其余一半根据新疆乌鲁木齐北园春农贸市场的批发价分 3 段分别计算番茄产值。为克服北温室土壤盐分的增高，我们提出增加 4 车牛羊粪作为改造费。6 月 24 日勘验时电厂代表因故未到，县法院称厂方不服我们的鉴定意见。9 月 24 日县法院再次让我们和双方到现场复议，除了个别细节进行微调之外，还是维持了我们首次的鉴定意见。

心得小结　司法鉴定的生命力在于科学、准确、合理。我们遵照习近平主席要"努力让人民群众在每一个司法案件中都感受到公平正义"的教导，进行了细致的分析。温室番茄是多次采收的，其不同时期价格差异甚大，我们根据实际情况对损失分级，再仔细地进行分段计价，尽量做到了科学合理。

HAA15　2017 年 5 月　阜康市智能温室番茄心叶异常案

案情摘要　2017 年 5 月 24 日，受阜康市某种植合作社委托，我们对该社投诉阜康市某果业有限公司番茄育苗出现心叶异常进行苗情司法鉴定。该合作社负责人闫某购买了郑州某种业公司出品的"粉多宝"及"粉多宝至尊"等中晚熟番茄杂交一代种子，委托阜康市某果业公司育苗。双方在协议中规定育苗方要在 3 月 25 日至 4 月 10 日播种，供苗时间为 5 月 5—20 日。种植方在得到幼苗并定植了 1.5 公顷后，发现番茄幼苗的心叶异常便停止作业要求鉴定苗情。

现场看到，阜康市某果业公司的智能温室具有自动加温、湿垫降温、机械通风、棚幕保温及微喷灌等现代化温室的先进设施和功能。培育的约 70 万株番茄幼苗除了少数因拥挤发生徒长及老化之外，未发现苗期病情，幼苗根系发育正常，但其心叶出现类似激素药害症状（彩图 14）。

技术分析　尽管育苗方管理人员否认各种化学伤害的可能，但温室中的辣椒幼苗及越冬番茄叶片上均有药害现象，说明番茄幼苗确实受到某种化学物质的伤害。而且，不能排除使用的喷雾器有农药残留。然而这种伤害比较轻，不会影响开花结果。由于种植方提出的育苗时间偏早，提供的 128 穴育苗盘也不利于培育中晚熟番茄幼苗。由此出现少数幼苗徒长及老化现象在所难免。在场育苗方承诺对开花结果负责，我们建议种植方立即抓紧时间定植剩余的 18 公顷露地番茄幼苗。

心得小结　在现场我指出，我并不担心这批番茄不开花结果，而是担心这么多露地番茄难以销售。事后的追踪结果和我的判断一致。当前有些农村为提高经济收益盲目扩种蔬菜。由于缺少对市场的分析，往往事与愿违。

B 加工番茄

新疆阳光充足、气候干燥、昼夜温差大，没有毁灭性的番茄病害，是我国，也是全球重要的番茄制品产区，一般年份种植面积在 5.3 万公顷左右，高产年份甚至超过 6.7 万公顷。在我经手处理的种子（苗）质量投诉案件中，针对加工番茄的案件数量颇多。

HAB01　1979 年 10 月　重庆市全国科研工作会议上质疑加工番茄研发路线

事　由　1979 年 10 月，全国蔬菜科研工作会议在重庆市北泉召开，会议要求全国蔬菜界骨干参加。我校李国正老师因故不能到会，由我代替出席。到会的百余名各地代表分为栽培、育种和品种资源 3 组展开讨论。当年外贸部及商务部根据当时国际上快餐盛行、对番茄酱需求量激增的情况，组织南方及沿海各省的农业院所开展加工番茄的联合攻关，并连续多次召开了业务交流会。可是，并没有新疆的农业院所参加。

技术分析　我在讨论会上提出，我国南方不宜发展加工番茄栽培，新疆才是全国最适宜发展加工番茄的地区。①新疆没有番茄青枯病为害的风险，大规模生产非常安全；②新疆生长季节阳光充足，番茄果实着色良好，原料品质必定优越；③新疆气候干燥，昼夜温差大，有利于农产品中干物质的积累，加工产品的品质必定突出；④根据鲜食番茄的产量，在新疆种植加工番茄产量一定大大高于南方；⑤新疆是灌溉农业区，便于进行机械化作业，生产大量加工原料。当时，库尔勒市果酒罐头厂已试种了加工番茄，因信息闭塞我并不知情。

心得小结　大学期间我在番茄丰产田的劳动及负责青枯病防治充实了实践知识，这是大胆建议的基础。此后，我在各种场合及专业刊物上呼吁大力发展新疆的加工番茄产业。如今，新疆已成为国际上重要的番茄种植基地和加工制品产区，令人欣慰。

HAB02　1986 年 4 月　拓宽南疆巴州加工番茄原料基地的提议

事　由　1986 年 4 月，我到库尔勒出差时路过巴州和静县，发现当地农民的加工番茄产量已有 120 吨/公顷的高产纪录，令人振奋。当时新疆加工番茄产业刚起步，有位名记者在《新疆日报》上撰文称，库尔勒是新疆唯一适合加工番茄生长的地区。我不赞成这个观点，因为有一年特殊高温，当地的加工番茄反而着色较慢。随后我从一篇文献综述上看到，番茄红色素形成的适宜温度是 20~25℃，过高或过低都不利于色素的形成。我将这些看法和和静县农技站李永富站长交流。他非常重视并立即请来主管农业的王副县长一起讨论，并要我将这些观点写下文字。随后，巴州农业局肖发显同志立即意识到和静、和硕、焉耆及博湖北4县存在发展加工番茄的巨大潜力，迅速立项进行研究，从而解决了库尔勒地区发展香梨和加工番茄的矛盾。1991年3月我主持巴州农科所加工番茄课题验收会后，李永富站长将我送到和静县乌拉斯台的一家番茄酱厂。他说用了我提出的观点后，拓宽了巴州的原料基地，巴州北四县兴建了一批番茄制品加工厂，这就是其中之一。

心得小结　当年信息闭塞，我是从我校老师参加全国会议带回的一份油印的文献综述上获得加工番茄相关信息，作者是福建农学院我母校的李家慎教授。看到参加巴州课题组的同志纷纷获奖晋级，我和李老师作为专业教师的"红烛"作用得到很好的发挥。

HAB03　1986年5月　玛纳斯县加工番茄品种试验幼苗冻害案

案情摘要　1986年玛纳斯县和美国商人筹备中外合资番茄酱加工厂，当时县政府聘我担任技术顾问并兼翻译。5月6日，该县科学技术委员会（简称科委）钱主任神色慌张地来找我，他说进行品种试验的加工番茄幼苗全部受冻了。我立即随他赶往现场。原来，当年昌吉州和外商洽谈在玛纳斯县建立一座番茄酱厂，外方还提供了一些美国加工番茄的种子，县政府聘请农民师傅老曾在园艺场进行小棚育苗。当时，计划在5月中旬定植的各品种幼苗已长到"4叶1心期"，不料刚过五一节就迎来一场寒流。就在寒流结束的5月6日拂晓，老曾酒后忘了覆盖薄膜，致使十几个品种的幼苗都受冻了。此时离外商到该县已不到20天，县领导十分着急，惹祸的老曾还担心因渎职会受法办。

技术分析　现场看到，受冻害的加工番茄幼苗，上部的嫩叶已全部变黑，但其基部尚好。根据番茄再生能力强的特点，我提出将变黑的冻害部分剪去，让其萌生新的枝叶。老曾立即照办，10 天后萌生出的新枝叶已看不出发生过冻害。5 月 27 日来自美国的外商见到整齐有序的品种试验地还连声称好。

心得小结　寒流侵袭变天时，天气异常阴冷。最后一天转晴时的拂晓温度最低，是最容易发生冻害的。俗话说"好苗三分收"，由于苗期很脆弱，一定要精心管理。

HAB04　1987 年 4 月　玛纳斯县加工番茄缺种子的辅助出苗法

事　由　1987 年玛纳斯县引进国外设备建立番茄酱加工厂，与此同时，开始了加工番茄最初原料的种植。县农业局安排我培训县乡农业技术员，通过他们再培训各乡种植户来种植加工番茄。可是，由于种种原因，买不到起码数量的种子。当年未开展育苗定植，是采用直播。番茄种子的千粒重是 3 克左右，由于种子较小，顶土能力很弱。县农业局局长提出，在播种量较少时，可混播其他作物的种子来辅助加工番茄种子出苗。

技术分析　当时最好找的是油葵种子。我担心油葵出苗后不易去除，建议混播甜瓜种子以带动加工番茄种子出苗。

心得小结　我的担心是对的，混播油葵后，其种子在较低地温下就出苗了，而加工番茄种子出苗较晚，在拔除油葵苗时，伤害了不少加工番茄小苗。而甜瓜种子的出苗温度和加工番茄一样，出苗后轻轻一掐就可以掐断甜瓜幼苗。这是特殊情况下的一种应急措施。

HAB05　1991 年 3 月　对巴州农科所加工番茄密度试验效果不明的肯定

事　由　1991 年 3 月，新疆首次加工番茄课题验收会在库尔勒市巴州农科所举行。自治区科委派我前往主持验收。当时，完成了课题任务的各组科技人员都兴高采烈，只有3名年轻人无精打采地坐在会场的角落。他们因进行多年密度试验没有显著差异而苦恼。主持人汇报品种筛选、植保、气象各专业小组的工作成绩后指出，栽培组的密度试验在课题结束后还将继续进行。

1986年玛纳斯县请来外商筹建番茄加工厂。在我担任技术顾问时，美方提供了一本美国加州大学蔬菜系编的加工番茄栽培技术手册。其中提到："加工番茄具有极好的自我调节能力，在行距固定的情况下，调整株距是没有意义的。"根据美国的经验，没有必要通过试验寻找最佳的株行距。此前，我对这段文字尚心存疑问。巴州农科所几位年轻人的几轮试验恰好证实了这一点。我在验收会上将这段文字译出来，并在鉴定意见中予以肯定。

心得小结　会后这3位年轻同志激动地拉着我手说："林老师，我们挨了多次批评了，您可是救了我们啊！"事实证明，这几位年轻同志进行多年的密度试验是实事求是的。有些效果不明显的试验，往往人为地进行数据调整，就是学术造假。这个案例多亏了了解这方面的国外信息。

HAB06　1994年8月　石河子3号加工番茄品种审定不严案

案情摘要　1994年石河子某科技单位申报育成的加工番茄品种××3号，当时我担任新疆（含兵团）农作物品种审定委员会瓜菜专业组组长，在《中华人民共和国种子法》颁布之前，各种作物申报育成的新品种都要经过品比试验和试种。由专业组初审通过后，再向审定委员会申报。当我们根据事先约定到石河子对××3号进行初审时，育种单位突然说试验地跑水无法下地了。当时我正准备回福建老家探亲，并已购买了火车票。该项工作就委托副组长主持。在随后的报审中，我看到该品种上报的相关资料及手续齐全，试种者反映良好，就向核心组申报并通过了审定。不料，该品种果皮特薄，审定推广后，3 号番茄采收后果实一压就裂，装入车厢后淌水不止。附近几座加工厂门前的道路上，一年四季都散发着番茄汁气味。我们也屡遭批评，该品种随之就被淘汰了。

技术分析　事后有人对我说，3 号番茄是育种单位从国外品种中筛选的。这类薄皮高产品种在国外是供加工厂在 10 千米半径内种植的。选种者完全清楚这一缺点，但在材料中刻意进行了隐瞒，并设法躲过了我的眼睛。

心得小结　本案是我担任瓜菜专业组组长 10 年中，经手申报最失败的一个品种。我在忏悔难过之余，想到还有人提防我"少不近视，老不眼花"的眼睛，多少感到一丝安慰。此后，我们审定加工番茄，都特别注意果实的抗压能力。

HAB07　1999 年 6 月　乌苏市等地加工番茄"淡色丛生株"现象

案情摘要　1999 年 6 月，我们受新疆德隆集团公司委托，对乌苏市等地出现的加工番茄"淡色丛生株"进行调查。当年北疆乌苏地区首先发现，主栽品种"里格尔"出现淡色株较普遍，多者高达 14%。其他品种如"UC82"也有发生。但这些都是常规品种，而杂交一代品种上还没发现。发生"淡色株"的加工番茄植株相对较矮，除了植株颜色较淡之外，还有类似病毒病的丛生症状，又称为"淡色丛生株"。

技术分析　为区别加工番茄"淡色丛生株"是否也有病毒病共生，我专门到地势较高、不容易出现病毒病的乌苏山区一家初次种加工番茄、未打过农药的种植户地中寻找"淡色丛生株"标本，送到新疆农业大学植物病理教研室检查。当时，看过标本的老师们都认为不像病毒病。

2001 年暑期，德隆集团公司请来中国农业科学院蔬菜花卉研究所加工番茄专家周永健研究员到新疆讲学。他说现已查到和"<u>丛生</u>"植株有关的基因至少有两个，国外对此现象也有过报道。丛生植株的后代并非全是丛生植株，但丛生植株的比例要高于一般正常的植株。由此说明，淡色丛生植株的出现是与环境因素有关的数量性状遗传。

心得小结 随着加工番茄杂交一代品种的推广，植株淡色的"<u>丛生株</u>"犹如幽灵一般消失了。

HAB08　1999 年 8 月　昌吉军户农场加工番茄高秧株混杂案

案情摘要 1999 年 8 月中旬，受新疆德隆集团公司委托，我们对昌吉军户农场种植的"里格尔"加工番茄出现高秧混杂现象进行现场勘验。该农场种植户播种时间在 4 月 25 日前后，田间出现了一些高秧的杂株。由于种植户已普遍将杂株拔除，现场杂株最多的是张某的加工番茄地。我们和双方代表共同调查，田间出现一种株高 1.4 米左右、果形扁平、上有数个果沟的植株，占植株总数的 5.3%。由于果形异样、果皮较硬，番茄酱加工厂收购原料时认为它不是加工番茄，从而降低原料等级。

技术分析 现场出现的高秧番茄植株类似无限生长型，到场人员谁也没有见过这种加工番茄品种。我认为很可能是某个育种材料混入其中。

心得小结 类似的案例此后还陆续发生过。有人说高秧株就是国外加工番茄的一种育种材料。所以，我们在勘验加工番茄品种纯度时，特地列出"异品种"和"非加工番茄"两项进行调查。因为异品种的加工番茄果实仍可供制酱。

HAB09　2004 年 7 月　昌吉市军户农场加工番茄种子混杂案

案情摘要 2004 年 7 月上旬，应昌吉市种子管理站邀请，我们来到该市军户农场，对种植户们投诉"87-5"加工番茄品种混杂进行鉴定。2004年春季，乌鲁木齐市某种业公司购进甘肃酒泉市某种业公司出品的1吨"87-5"加工番茄种子，全部销往昌吉市军户农场，种植了253公顷。不料结果后发现该批种子纯度很低，其中混杂有大量其他果实，还有樱桃番茄及黄色番茄果实。

技术分析　这是一起面积甚大的混杂种子投诉案件，必须准确测定其品种混杂度。该批种子种植在农场的两个大种植区。我们将人员分成3组，在每块种植区的东南西北中各个位置上抽样，每个样点连续检查200株番茄，观察果形、果色及植株高度等性状，分别登记其他品种加工番茄杂株及非加工番茄株数。我们总共鉴定了2 000株番茄，杂株率为32.4%，其中混杂的其他加工番茄品种占26.8%，非加工番茄占5.6%。

心得小结　由于面积甚大，我们从上午下地一直工作到下午3时半才完成任务。经过总结我们认为，每个样点连续抽查100株番茄完全可以保证鉴定的精度。为提高工作效率，每位鉴定人各带1名记录人分组进行鉴定。田间鉴定品种时，手持一根棍子比弯腰作业省力而快捷。此外，进入结果期的加工番茄田间，应穿深色工作服及鞋子，以免污染后难以清洗。

HAB10　2005年3月　上书请求解封数十吨"里格尔"加工番茄种子案

案情摘要　2005年2月，自治区工商局在全新疆查封了十几家种业公司繁育的"里格尔"加工番茄种子。原来，2004年新疆石河子市某研究所将意大利引进的加工番茄品种"里格尔"悄悄地进行了注册，有关部门随之在网上进行公示。由于当年网络尚未普及，很多种业公司都没注意。2005年初，全疆查封各种业公司繁育的"里格尔"种子20多吨。

当年"里格尔"是新疆加工番茄的主栽品种，20多吨种子突然被查封，必然给假劣种子提供方便之门，其后果将十分严重。

技术分析　20世纪90年代，我担任新疆农作物品种审定委员会（含兵团）瓜菜专业组组长两届共10年，直到《中华人民共和国种子法》颁布，非主要农作物的瓜菜品种不要求审定为止。"里格尔"是农6师农科所引进的意大利加工番茄品种，后被石河子某研究所广为推广，还申报育种成果。为此，农6师农科所曾向瓜菜评审组提出异议。由于当年评审组不审查知识产权，1996年自治区农作物品种审定委员会给该引进品种做了"认定"，并非审定。为了垄断"里格尔"这个主栽品种，某研究所就将"里格尔"悄悄注册了。按照国家保护商标的规定，工商局查封了所有繁育该品种的种子。

我认为，作为新疆加工番茄主栽品种的"里格尔"，犹如日本引进的"红富士"苹果一样都是公共名词，将公共名词注册商标是违反《中华人民共和国商标法》的。如果有人将日本引进的"红富士"苹果进行商标注册，难道全国各地的苗木繁育部门都违法了？

由于当年新疆农作物品种审定委员会瓜菜专业组的两名副组长都离开了新疆，我只能个人上书向自治区工商局反映这个急迫的问题。当年3月，自治区工商局领导特地约见了我。当时，我指着墙上"学习'三个代表'，提高执政能力"的标语诚恳地说，查封"里格尔"有法可依，但这件事牵涉全疆约7万家种植户的生计。当前春耕在即，农民没有合格的种子可用，很容易上假劣种子的当。前一年秋天，我在昌吉就勘验过1吨劣质加工番茄种子，其直播后的危害面积达253.3公顷。这是一个实践"三个代表"难得的机会，请领导考虑尽快解封。

当年10月，石河子某研究所还向繁育"里格尔"数量最少的某种业公司提出诉讼，意在投石问路。我出庭证实该品种是国外引进的，如处理不当还可能引发国际争端，最终某研究所败诉。

心得小结　约见我之后，自治区工商局专门开会讨论该案件并立即接受了我的建议。价值300多万元的20多吨种子失而复得，有9名种业公司的代表驱车来到我校，要设宴向我致谢。我谢绝了大家的美意，并引用了一位哲人的名言："为正义的事情去抗争，可造就有意义的人生；有意义的人生是延年益寿的基础。"

HAB11　2006年6月　乌苏市西大沟镇加工番茄投诉咨询案

案情摘要　2006年6月8日，应乌苏市农业局约请，我来到该市西大沟镇，就某番茄酱厂提供的"87-5"加工番茄种子质量是否有问题及有无必要投诉进行技术咨询。该镇种植加工番茄已多年，当年由番茄酱厂提供的"87-5"加工番茄种子播种后无缺苗问题，在生产检查中，某技术干部看到个别植株叶片上有病毒病，怀疑该批种子有质量问题。其观点被传播后，种植户们议论纷纷，并有引发群体性事件的可能。该镇干部拿不准是否应该投诉，于是通过农业局请我到现场查看。

技术分析　当时田间加工番茄刚刚开花，我到各户地块查看，该批"87-5"加工番茄总体表现良好，未看到植株上有任何性状分离现象，个别植株叶片上有轻度病毒病，属于正常现象。在该镇会议室，我对种植户代表们汇报了未发现种子有质量问题、植株生长正常的依据。在事实面前，种植户们都逐渐接受了我的观点。

心得小结　本案虽然是个别干部不当言辞引起的，但该镇在拿不准技术问题时，通过市农业局请我到现场进行咨询的做法，可避免因无效投诉的花费。此后，农7师某团也有过类似的技术咨询。

HAB12　2007年7月　乌鲁木齐县安宁渠加工番茄种子质量纠纷案

案情摘要　2007年7月2日，受乌鲁木齐市种子管理站委托，我们来到乌鲁木齐县安宁渠河西村，就村民投诉该市某科技公司提供的"红番2号"加工番茄感病死秧及结果较少的问题进行技术鉴定。调查得知，村民们肯定前一年"红番2号"表现良好，当年却大不如前。现场察看未发现该批种子在发芽率及纯度上有质量问题。而且，该批种子和前一年的种子是同一生产批号。随机抽查李某、严某及阿某3家共24个样点，每点100株番茄，分别统计感病株及死秧数。在2 400株加工番茄中，育苗移栽的感病株率为6.13%，死秧占4.75%；直播的感病株率为2.13%，死秧占0.13%。王某种的"红番2号"4月3日播种育苗，5月3日定植，由于管理到位，长势较好。

技术分析　"红番2号"加工番茄当年表现较差的原因主要是当年冷空气多次入侵，较低的温度环境使番茄的花芽分化及果实发育均受到一定的影响。据《中国农业百科全书·蔬菜》卷分册《各种蔬菜》第72页指出：番茄"花芽分化适温为昼温24℃左右，夜温17℃左右""果实发育适温为昼温25℃，夜温15℃。"显然，冷空气入侵后，不能满足番茄花芽分化及坐果的温度要求。这是当年北疆地区加工番茄普遍坐果不良及前期减产的主要原因。专家组还提出一些后期补救措施。

心得小结　对待群众的投诉应摆事实、讲道理，并注意用当地的实例作为比较的证据。

HAB13　2007年7月　农12师某农场加工番茄结果不良案

案情摘要　2007年7月5日，受新疆种子管理总站委托，我们来到乌鲁木齐市郊农12师某农场就该场职工投诉"红番8号"加工番茄结果不良原因进行技术鉴定。2006年农12师曾试种中国农业科学院某研究所培育的"红番8号"，由于表现良好曾召开现场会进行推广。2007年在垦区某农场推广后出现结果不良问题。为此，当年6月底乌鲁木齐市种子管理站曾组织过专家鉴定，认为该批种子的质量没有问题。但是该场干部和群众不接受技术鉴定，有人还阻断了乌昌公路，致使几名职工被拘。于是，该场申请自治区种子管理总站组织专家进行复议。总站指派我任组长，我特地邀请兵团农垦科学院从事加工番茄育种的专家和新疆农业科学院研究蔬菜病害的专家一道进行复查。

我们首先来到争议焦点的 3 连 8 号地，垦区干部指出该条田种植的"红番 8 号"表现品种混杂。经认真勘验，我们发现面积 26.7 公顷的条田东高西低，东面明显缺水。由于植株长势不同，形成了不同的颜色。加工番茄育种专家李某跑遍全条田只找到 1 株杂株。该场当年刚推广的滴灌系统乏善可陈，故障频发。我们看到，田间局部缺水的原因是泥沙堵塞管道，要用水反复冲洗。可是地头的输水管道竟然未设分水开关，导致有的浇灌过量，有的缺水受旱。

我们到各连随机取样，检查"红番 8 号"的品种纯度和感病情况，并以"立原 8 号"及"87-5"为对照。最终，以大量数据形成了和前一批专家相同的结论——未发现"红番 8 号"有种子质量问题。"红番 8 号"生长不良除了缺水受旱之外，气候不良是一个重要因素。

技术分析　2007 年北疆出现 50 年未遇的异常气候。从 4 月下旬至 5 月中旬气温较历年同期高 $0.2 \sim 0.8$℃。可是，5 月下旬气温猛降 1.8℃。此后 20 天气温又比历年低 $0.3 \sim 0.5$℃。同时，4 月下旬至 6 月中旬的降雨量都比历年同期高，少则多 3 成，最多的 5 月中旬竟比历年高 4.4 倍。由于降雨量大，形成了较多的阴雨天和弱光照。这些不良因素都对番茄生长发育不利。农 12 师农科站已对垦区 3 个农场进行了调查，并在当年 7 月 23 日《农科推广信息》上有过具体的分析。

心得小结　本案由于该场抵制市、区两轮的专家鉴定，形成了垦区一起重大的群体性事件。最后，经销种子的兵团某种业集团以该品种未登记为由进行了巨额赔付。番茄系非主要农作物，登记凭自愿，更不影响种子质量。如今时过境迁，我想有关方面应理性地总结这起事件，认真吸取教训。

HAB14　2012 年 8 月　农 7 师 125 团加工番茄死秧投诉案

案情摘要　2012 年 8 月 3 日，受 125 团 1 连陈某云委托，我们对该团某连育苗户陈某梅培育的"石番15号"加工番茄幼苗定植后死秧的原因及经济损失进行司法鉴定。据介绍，种植户冉某在陈某云承包的3-1条田中种植加工番茄7.9公顷，其幼苗是由王某联系的。陈某梅运来的幼苗是两座大棚培育的，分别定植了3.93公顷和4公顷。定植后前一座大棚培育的幼苗表现正常，但后一座大棚的许多幼苗病害严重，表现为定植后茎基部缢缩变细发黑，地上部变黄而陆续死秧。番茄酱厂技术科已鉴定为番茄茎基腐病。

技术分析 通过仔细观察，我们认同番茄酱厂技术科的鉴定。田间感病植株为番茄茎基腐病的典型症状，系真菌立枯丝核菌侵染所致。由此认为，定植前幼苗确实感染了番茄茎基腐病。由于番茄根茎部均受到了病菌侵染，茎基部变褐，收缩变细，发生缢缩现象。由于病菌绕茎基部扩展了一圈，导致皮层腐烂，最终感病的幼苗死亡造成缺苗，种植户虽然补了苗但效果差。经随机取样，死秧地块加工番茄每亩保苗1 400株，因补苗植株结果晚，经测产仅31.7吨/公顷；而正常的对照田，每亩保苗1 900株，产量为87.2吨/公顷。

心得小结 番茄植株具有非常强的萌生不定根的能力，在滴灌条件下，正常植株是绝不会轻易死亡的。死苗原因是幼苗在苗期就感染了番茄茎基腐病，定植后由于病情发展而逐渐死亡。

HAB15 2012年8月 和静县乃门莫墩乡加工番茄制种减产投诉案

案情摘要 2012年8月21日，受昌吉市某种业公司委托，我们到和静县乃门莫墩乡的两个村，对该乡9名"FL1202"制种户提出的种子质量投诉进行司法鉴定。"FL1202"是中熟偏晚品种，当年气候异常，制种户认为产量达不到协议书中期望的105吨/公顷以上的指标，怀疑原种种子质量有问题。

我们深入包尔尕扎村及肉牛场村，对买某、王某等9户加工番茄制种田进行勘验。据介绍，制种户们均采用膜下滴灌栽培，每公顷施300千克磷酸二铵为底肥，沟距1.2米，株距30~40厘米，5月7—13日进行双行定植，勘验时已浇水10~14次。

测产时随机取样22个样点，每户至少2个，面积较大的增至3个。每样点面积6.67米²，测算成熟果实产量。田间随机抽查23个样点，每个样点100株。共2 300株，纯度为99.7%。

技术分析　勘验9户加工番茄制种田，未发现种子质量问题。造成当年减产的原因是：①气候异常。当年夏季气温偏高，不利于番茄花粉管萌发和坐果。②病害较重。8月1日晚一场大雨后，番茄疫病迅速蔓延。由于部分叶片干枯，果实缺少叶片保护，日灼病较多。③缺苗率高。各户平均缺苗13.5%（8%~19%）。④局部地区有盐碱。买某及何某的地块有一定的盐碱。⑤栽培管理较粗放。最高的样点测产产量为109.5吨/公顷，最低的何某样点仅有63吨/公顷，差别巨大说明栽培管理上有差距。⑥前茬的影响。制种田多数前茬为棉花，但也有重茬及辣椒茬的，病害较重。

心得小结　在气候不良的年份，质量没有问题的种子往往也被投诉。为此，种业公司主动申请鉴定也是化解矛盾的好办法。在种植户较多的情况下，每户的地块应尽量都走到，但因时间关系，样点不宜多。所以，应事先告诉种植户这是为品种测产，而不是为每户测产，因每户样点较少必然有一定的误差。

HAB16　2014年5月　呼图壁农6师芳草湖农场加工番茄死苗案

案情摘要　2014年5月16日，受农6师芳草湖农场种植户牛某及邵某委托，我们来到该场3连，对他们投诉玛纳斯育苗户刘某提供的"金番9号"和"金番11号"加工番茄幼苗质量问题进行司法鉴定。据介绍，他们俩和某公司签订合同生产加工番茄原料，由公司安排的育苗户刘某向牛某提供 16 公顷"金番 11 号"幼苗，于 5 月 4—5 日定植；向邵某提供 4 公顷"金番 9 号"幼苗，于 5 月 9 日定植。他们说，幼苗送来时苗情都很差，有很多"高脚苗"定植后大量死苗。给邵某的"金番 9 号"还缺 1.3 公顷苗。

现场看到，两户地块均为土壤结构较好的熟地，肥力中等，无明显盐碱。除了牛某有 6.6 公顷重茬地外，其余地块前茬均为棉花。田间极少有健壮幼苗。成活幼苗叶片大量干枯，拔出濒临死亡的幼苗，其根系为褐色，已不可能形成正常产量。在牛某"金番 11 号"的地里，随机取 25 个样点，每样点连续统计 100 株幼苗，死苗率为 42.4%；在邵某"金番 9 号"的地里取 5 个样点，方法同上，死苗率为 77.2%。

6 月 12 日，邵某将田间留下的十几盘"金番 9 号"幼苗带回家放在庭院门口，其表现和田间相同：存活的幼苗叶片干枯、根系茶色；死苗及濒临死亡的幼苗根系全部或局部变成褐色。

技术分析　①当年北疆出现极端异常气候，4 月 22—23 日大幅度降温并降雪，连续阴天和低温天气不利于培育番茄壮苗，但不是死苗的原因。②邵某南邻地块是陆某种植的"金番 9 号"，表现良好，系育苗户刘某 5 月 1 日提供的幼苗。由此排除了当地土壤不适于种植加工番茄的可能。③邵某庭院中幼苗的表现和田间一致，也排除了种植户使用叶面肥及农药不当造成化学伤害的可能。④涉案幼苗有过一定的生长量，说明育苗基质也没有问题。⑤植株茎内维管束没有褐变，根茎部也没有典型病症，经病理专家鉴定不是苗期病害。⑥幼苗根系变色及叶片干枯，说明是化学伤害的表现。⑦两户地中没有盐碱危害。我们认为只有一种可能：在育苗盘内灌入了较高浓度的化学溶液，从而引起化学伤害。因基质中存留不明化学物质，田间幼苗经过滴灌，庭院育苗穴盘中也浇过水，番茄幼苗的根系仍都难以再生。

心得小结　勘验时育苗户并未到场，但他看到鉴定结论后未提出异议并接受调解。

HAB17　2015 年 6 月　乌苏市尕雄不拉农场加工番茄死秧案

案情摘要　2015 年 6 月 30 日，受乌苏市尕雄不拉农场委托，我们对该场种植"屯河 8 号"及"胡杨河 7 号"加工番茄定植后死秧的原因进行司法鉴定。据介绍，农场购买了该市育苗户姚某的"屯河 8 号"幼苗定植了 14.3 公顷，购买了齐某的"胡杨河 7 号"定植面积 13.7 公顷。勘验表明，该农场种加工番茄有 3 块地，面积共计 28 公顷，其中 22.4 公顷前茬为棉花，5.6 公顷为重茬地。

经随机取样抽查了 18 个样点。每点面积 6.67 米^2，按 3 000 株/亩计算缺苗率。定植"屯河 8 号"的二、三号地缺苗率为 19.6%。四号地的"胡杨河 7 号"缺苗率为 22.4%。田间缺苗情况有 3 种：①定植后不久就死秧，只看到地膜上的定植穴及高约 10 厘米的干枯茎秆，占缺苗总数 40%；②幼苗生长到 20 厘米左右陆续因病死秧，田间可见干枯的植株，占缺苗总数 30%；③株高超过 20 厘米，有的还结了果实，但植株感病生长瘦弱，基部叶片干枯，处于濒临死秧状态，占缺苗总数 30%。

以上 3 块地的缺苗均呈小块状，完全符合人工栽苗的操作特点：即手持病株较多的穴盘苗（128 穴）定植，造成双行连续缺苗；如周边番茄植株生长正常，则形成巨大反差。

技术分析　根据田间勘验及新疆农科院植保所植物病理专家鉴定，死秧的加工番茄幼苗主要是番茄茎基腐病引起的，其病原为 *Rhizoctonia solani*（真菌）。早期死秧的番茄幼苗一般还有猝倒病及立枯病；田间病株还伴有疫霉菌感染，病原为 *Phytophora parasitca* Dast. 和 *P. capsicileonian*（真菌）。据植物病理学专著，番茄茎基腐病及疫霉病的病菌在土壤中存活能力强，含病菌的尘土可随风、水流及农事操作传播。即使是在塑料薄膜覆盖的保护地设施中进行无土育苗，如遇到低温、大风等不良气候，薄膜破裂或被掀起，幼苗都有感病机会。

田间勘验表明，未见到植株上普遍出现某种病害的病斑及相关症状。因此，感病植株是源自育苗阶段。如果是定植后在田间感染病菌，则重茬的三号地必定缺苗最多，但其缺苗率只有 16.0%；而二号地及四号地均为棉花茬，缺苗率均为 22.4%。由此说明，本案中重茬的影响并不明显。

心得小结　本案说明一个事实：育苗期间幼苗携带病菌的为害甚于重茬的影响。

HAB18　2015 年 9 月　沙湾县乌拉乌苏镇加工番茄品种混杂案

案情摘要　2015 年 9 月 2 日，受沙湾县乌拉乌苏镇种植户王某委托，我们对他种植的早熟品种"屯河 9 号"加工番茄的品种混杂及经济损失进行司法鉴定。当年王某向某育苗户购买"屯河 9 号"加工番茄幼苗种植了 42 公顷。定植后不久就发现这些加工番茄品种严重混杂，尤其是混有相当数量的晚熟加工番茄品种，这不仅带来管理上的困难，还难以用机械进行采收和交售产品。田间勘验表明，近似"屯河 9 号"的植株占 33.5%，近似"屯河 8 号"的植株占 23.4%。这两个品种均为早熟品种；但是，田间还混杂有 43.1% 的晚熟品种植株，品种不详。

技术分析　我们认为，这是育苗户将清理育苗场所的"收底苗"都送到王某田间。经多年诉讼，有人误认为王某只损失了约 40% 的晚熟品种，实际上远非如此。由于不同品种生长发育上存在明显差异，当早熟品种果实成熟应当收获时，晚熟品种的植株还在陆续开花结果。种植户若照顾晚熟品种需继续管理，则早熟品种的果实就会逐渐腐烂。当我们勘验时，王某已收获了 8.7 公顷，因混杂有很多青果而被加工厂拒收，她只得四处奔走进行削价处理。所以，我们在经济损失鉴定中，建议以当年平均产值的"3.6 万元/公顷－种植户实际收入"来计算损失。

心得小结　本案中由于晚熟品种混杂到早熟品种中，给种植户不仅带来了栽培管理上的困难，也给机械收获和销售造成困难。在评估经济损失时，绝不能简单地以混杂率来计算。

HAB19　2015 年 9 月　昌吉市榆树沟加工番茄缺水减产案

案情摘要　2015 年 9 月 8 日，应屯河番茄制品公司原料员申请，我们到昌吉市榆树沟镇阿克旗村对种植户李某种植的 19.9 公顷"屯河 47 号"加工番茄减产原因进行司法鉴定。李某也同时到我鉴定中心申请鉴定。经调查，李某系首次种植加工番茄，5 月 15—20 日定植，因当地缺水，他在地块南 1 千米多的 70 米³ 蓄水池中接机井抽出的水，然后再用柴油机泵水送到田间。由于供水不足，田间番茄植株生长量过小，严重影响生长发育而减产。经取样测产仅 23.3 吨/公顷。李某提出是公司打药造成的药害，但缺乏证据。据调查，7 月 12 日番茄制品公司为李某联系的喷药机械在完成约 3.3 公顷作业时发生故障，因机械的管道破裂使近 100 株番茄受到药害而死亡。公司方以不收打药费用进行补偿，并在 9 月 5 日将生长较好的 1.13 公顷收获了 36.67 吨（33 吨/公顷），但李某要求公司收下所有的青果，遭拒绝后引发诉讼。

技术分析　李某以二次供水、长距离送水种植加工番茄的做法是前所未见的。由于田间明显缺水，加工番茄植株未能正常生长。公司应他要求联系喷药机械造成的药害是非常局部的，并已做了补偿。田间杂草较多，可排除除草剂伤害。当年夏季遇到特殊高温，供水紧张是严重减产的主要原因。

心得小结　李某年近八旬，在没有水源保证的情况下种植近 20 公顷加工番茄实属不可取的风险栽培。

HAB20 2015 年 9 月 昌吉军户农场 6 连加工番茄侧枝徒长案

案情摘要 2015 年 9 月 9 日，我们应昌吉军户农场 6 连马某等人委托，要求对 6 连马某等 3 户种植的 26.7 公顷"金番 7 号"加工番茄出现植株及果实异常进行品种真实性鉴定。马某、安某及铁某 3 户和中基番茄制品有限公司签订原料生产合同，购买了该公司提供的"金番 7 号"幼苗。不料在结果期发生异常高秧和果实异常，他们认为该品种和往年的表现不同。6 连连长指出，当年厂家提供的番茄幼苗质量不及往年，尤以铁某的幼苗质量最差。

现场勘验时看到，该地块为沙壤土，前茬为玉米，肥力中上，无盐碱危害。3 家种植户都种植加工番茄多年，于 5 月 8—9 日定植，后期田间出现了 1.2 米以上的高秧株（彩图 15）。种植户怀疑该品种发生了劣变。供种方代表毛某是育种人，他声称是在中基公司监督下进行制种的。他说 2014 年和 2015 年使用的种子都是 2013 年繁育的，2014 年并未制种。毛某还指出，"金番 7 号"的主要特征是果实圆柱形、果梗无节、无离层，而且叶脉无叶绿素，是透亮的明脉。

我们在 3 户的田间各取 1 个样点，每样点面积 6.67 米^2，统计 ≥1.2 米高秧株的株数及比例。结果是马某 10.8%，安某 8.8%，铁某 45.7%，平均 21.8%。田间未发现果实有变异现象。

技术分析 经勘验，田间高秧株是植株上的徒长侧枝，其上的叶片叶脉透亮，果实圆柱形，果梗上没有节和离层，完全符合"金番 7 号"的特征。当年夏季，北疆出现数十年来罕见的特殊高温天气，各地加工番茄，尤其是晚熟品种普遍减产。在水分充足的情况下，国内外的加工番茄品种都出现了侧枝徒长现象。该现象的机理目前还不完全清楚，但不是品种退化及劣变。

心得小结 异常气候总会出现异常问题，当年加工番茄侧枝异常徒长现象就是一例。

HAB21　2016 年 7 月　农 6 师 105 团加工番茄种子质量鉴定

案情摘要　2016 年 7 月 16—17 日，受新疆中基中番种业有限责任公司委托，我们来到农 6 师 105 团的 6、7、9、10 连 4 个连队，对该团种植的"金番 7 号"及"金番 8 号"加工番茄的品种纯度、出苗率、结果少的原因进行司法鉴定。

2016 年春季，中基中番种业有限责任公司为安排加工番茄原料，向 105 团 4 个连的 35 家种植户提供了新疆某科技发展公司生产的"金番 7 号"和"金番 8 号"加工番茄杂交一代种子，共播种 174.1 公顷。进入结果期后，种植户们反映上述两种加工番茄种子发芽率低、纯度差、结果少并担心减产。由于面积较大，经协商一致同意在 4 个连队抽取 20 户的地块分别进行勘验。我们对各地块 GPS 坐标、农田土壤结构、肥力状况、茬口、栽培方式、播种期、滴灌情况及病虫防治等分别进行了调查。由于未到采收季节，不能进行常规测产工作。为估算两品种的结果性能，我们在田间随机抽取 2 个样点，在每个样点连续拔 5 株加工番茄植株，统计直径≥3 厘米的番茄果实数量。

"金番 7 号"为晚熟加工番茄品种，从出苗至成熟需 112 天左右。据现场观察，该品种果梗无离层，叶脉是无叶绿素的明脉，但田间见到一些畸形果及空洞果。其种子袋有两种包装：一是 2012 年 9 月之前该公司印制的旧种子袋，种子检验章底色为绿色；二是迁到新址后的包装，种子检验章底色为白色。经勘验，两个种子袋封口处的生产日期和批号均为 2013 年 9 月生产的 1 301 批次的种子。

"金番 8 号"为早熟加工番茄品种，种子袋封口处的生产日期和批号为 2015 年 9 月生产的 1501 批次的种子。据介绍，该品种从出苗至果实成熟 96 天左右，一直是昌吉地区的主栽培品种之一。据观察，该品种果梗上有离层节，叶脉有叶绿素为暗脉，田间畸形果及空洞果相对较少。

田间勘验表明，"金番7号"及"金番8号"两品种的叶片形态、果形、果梗及叶脉等品种特征和一致性明显，未发现混杂及退化情况。个别坐果不良的番茄植株比较高，属于生产中常见现象。

涉案的各连种植户都是具有多年种植加工番茄经验的，其地块绝大多数为一类地，其土壤结构良好，肥力中上，无盐碱危害；个别二类地和重茬地则专门标注之。栽培方式为"1膜3行"及"1膜2行"两种方式，均采用1.25米膜，膜心距1.5米宽，前者株距多为35厘米，后者25厘米。

"金番7号"集中种于9连，共17公顷，抽查了5户10个样点，每点连续拔5株数果，平均单株结果21.2个，按理论保苗数的80%和单果重70克估算，平均产量为57.7吨/公顷。"金番8号"在4个连队均有种植，抽查了15户30个样点，平均单株结果30.42个，单果重按70克估算，平均产量为93.2吨/公顷。由于105团没有气象站，特收集邻近102团、芳草湖及五家渠三地气象站的观测资料。

技术分析 由于早熟品种"金番8号"结果已成定局，按该品种历年平均产量97.5吨/公顷计算，在当年特殊气候下，普遍减产5%。而晚熟品种"金番7号"尚在结果中，根据测产，估计减产在15%左右。

据《中国蔬菜栽培学》（第二版）第703页指出："番茄花粉发芽的最佳温度是21℃，最低是15℃，最高是35℃。番茄坐果的最适温度是15~20℃，温度低于15℃或高于35℃都不利于花器的正常发育及开花，导致形成畸形花、畸形果或落花。"

当年昌吉州垦区气候异常，从6月7—16日这10天，气温比历年都高，普遍出现连续35℃以上的高温，最高达41.1℃。这10天的日平均最高温度比2015年高出6.3℃。因此，在这段时间开花的番茄植株很容易落花。这对直播的晚熟品种"金番7号"第一花序的授粉及坐果影响较大，不但落花落果较多造成减产，还形成一些畸形果及空洞果；而早熟品种的"金番8号"花芽分化较早，其第一花序已坐果，第二花序正开花。在气温较高的不良环境下，已坐果的植株畸形果及空洞果相对较少，减产幅度只及"金番7号"的1/3。

据勘验，"金番 8 号"各点的产量相差很大，最低的仅有最高产量的 26%，由此说明产量和栽培因素也有很大关系。按理说，二类地产量应该低一些，但 7 连陈某是二类地，其估产超过平均值。另外，重茬地番茄病害应该比较重。7 连郑某是重茬地，但田间植株病害并不明显，估产也高于平均值。综上所述，"金番 8 号"受当年 6 月中下旬异常高温气候的影响比"金番 7 号"小。

据调查，无论是"金番 7 号"还是"金番 8 号"，其田间密度都偏大。在密度较小的情况下，番茄植株结果就较多；反之结果少，甚至没有果实。在密度过大的样点，拔起植株甚至可见基部的烂叶，病害也较重。上述两品种子袋上的推荐密度均为每亩"2 500~2 800株"，但不少地块实际保苗数都在 3 000 株/亩以上，田间多数番茄植株营养生长偏旺，影响了单株结果数量。现场勘验还表明，栽培管理对产量的影响较大，应加强田间管理。

心得小结 在气候异常年份出现加工番茄生长不良及减产现象，必然导致种植户对种子质量的投诉。生产厂家主动进行种子质量鉴定，不失为一种积极的应对措施。

C 樱桃番茄

HAC01 2016 年 5 月 辽宁盘山县樱桃番茄种苗质量纠纷案

案情摘要 2016 年 5 月 30 日，受辽宁盘锦市中级人民法院委托，我们对盘山县甜水镇九间村温室基地郑某等 5 家种植户与海城市某农业公司的樱桃番茄（圣女果）种苗质量纠纷及死秧原因和经济损失进行司法鉴定。郑某等 5 家种植户于 2015 年 11 月 19 日购买该公司培育的"碧姣"樱桃番茄幼苗并于当天定植日光温室中，铺黑色地膜，吊蔓滴灌栽培。据介绍，该公司提供的"碧姣"樱桃番茄幼苗使用 72 穴育苗盘培育，交货时幼苗高不足 10 厘米，3~4 片真叶，无花蕾，叶片暗绿色，其上无病斑。

九间村温室基地为统一修建的日光温室群，总体设计科学，温室采光面坡度大，阳光入射率高；温室内长100米，室内跨度7米，栽培净面积1亩，起垄栽培，室内74垄，沟心距1.3米，株行距25厘米×35厘米。定植后棚面上用两层草帘（中有保温布）覆盖，由卷帘机操作。据介绍，寒冬季节夜间室内温度不低于12℃。

我们先后调查了投诉户郑某、李某、温某等5家的温室，"碧姣"樱桃番茄为有限生长型，温室中的植株严重早衰，死亡率分别为58.6%、55.6%、19.2%、39.4%及17.2%，平均死秧率为38.0%。以上各家温室的后墙根是同日定植的该公司培育的"405"樱桃番茄，属无限生长型，全部生长良好，未发现病害植株。

我们还看了两家非投诉户的温室：赵某使用另一公司培育的"碧姣"幼苗，植株节间较短，生长健壮，无死秧现象，他说每座温室已卖了6万多元；另一家是郑某亮，他用其他公司培育的"碧姣"幼苗种了3座温室，管理相对粗放，但极少有植株死亡现象。

现场勘验后进行座谈。双方没有争议的事实是：供苗方提供的"碧姣"幼苗自上一年11月底定植后，种植户们从12月就向供苗方提出幼苗有质量问题。当时育苗公司说幼苗没有问题，过一阵就会正常生长，并向种植户送了钙肥，但大家使用后番茄幼苗还是不长；种植户再次反映后，育苗经理刘某曾到场察看，并表示回公司后研究处理，但无下文。

技术分析　勘验时已是樱桃番茄的生长后期，此时难以判断上一年11月底确切的苗情。但从种植户在上年12月就开始反映幼苗质量问题来看，苗情差是客观存在的。冬季育苗难免遇到阴天及缺乏光照，必然普遍使用叶面肥及生长调节剂。种植户们反映定植后幼苗长时间不长，应属于"僵苗"；他们说幼苗送来时叶片暗绿色，说明使用过叶面肥及生长调节剂，否则弱光照下幼苗为淡黄色。育苗期间一旦叶面肥及激素使用浓度较高或次数较多，就很容易发生僵苗现象。此外，育苗基质的选择和处理不当也可能产生僵苗。

樱桃番茄具有很强的根系再生能力，导致死秧的主要原因是僵苗，定植后植株长势较弱并感染番茄茎基腐病，有的叶片上还发生番茄叶霉病。投诉户们都在温室中连续种植樱桃番茄多年，栽培技术熟练，未发现管理上存在技术失误，也未见薄膜破烂等设施损坏现象。而且，各家后墙根生长的一排由育苗方提供的"405"樱桃番茄都表现良好。

心得小结　导致死秧的主要原因是质量差的樱桃番茄幼苗（僵苗）定植后生长势较弱，植株发生茎基腐病所致。此外，有关种苗质量纠纷的案件，必须在定植前后发生过争议才能进行处理。

第二节　B茄　子

茄子原产热带地区，传入我国已有1 700多年的历史，其适应性强，品种丰富，植株生长势强，分枝及结果很有规律。茄子种子表面有一层胶质，在浸种催芽期间应每日清洗1~2次，否则出芽很慢。

HB01　1993年6月　乌鲁木齐县安宁渠早熟茄子种子质量投诉案

案情摘要　1993年6月，受乌鲁木齐县种子管理站委托，我们来到该县安宁渠镇北大路3队及青格达湖1队，就菜农马某等人对"526"长茄早熟性不良的投诉进行技术鉴定。由广西某研究所培育的长茄"526"系新疆某研究所引进，当年早熟性表现不良。经田间勘验，该品种没有性状分离的纯度问题，也没有出苗不良、净度及水分等种子质量问题，而且茄子果实亮紫，肉质雪白。两队菜农在2月中旬于温室中播种育苗，4月下旬定植于小棚中，成熟期比本地的"新疆长茄"略晚。

技术分析 "526" 长茄的成熟期比本地的"新疆长茄"晚 3～5 天，但品质优良，深受消费者欢迎。但是，安宁渠镇菜农使用的育苗温室老旧，保温性能不佳。定植后塑料小棚架材的竹片和竹竿质量也不好。小棚多为东西走向，抗风性能差。当年北疆地区大风天气较多，棚膜破损现象很普遍，因而影响茄子成熟。

心得小结 分析种子质量是否有问题主要根据纯度、净度、发芽率及水分四大指标，各品种成熟期有差异是常见现象。事后该品种在当地还种了很长时间。

HB02　2000 年 8 月　乌鲁木齐县六十户乡茄子种子质量投诉案

案情摘要 2000 年 8 月 28 日，受乌鲁木齐县种子管理站委托，我们来到该县安宁渠镇六十户乡大梁村，就种植户姜某等人投诉"二苠茄"种子质量问题进行技术鉴定。菜农姜某及陆某栽培的天津某研究所出品的"二苠茄"为紫红色品种。他们俩均于 2 月下旬在温室中育苗，4 月底定植于露地。不料结果后发现果实色泽浅，甚至有发白现象，影响销售和经济收入。

技术分析 "二苠茄"为华北地区农家优良中熟圆茄品种，果实紫红色。种植户田间出现色泽变浅和发白现象是品种退化表现，该批种子属于劣质种子。

心得小结 一个优良的农家品种在普遍开发后出现劣变是常见现象。由于没有品种标准，只能以种子袋上介绍的主要特征进行比对。

第三节　C辣　椒

辣椒是我国各族消费者都喜爱的蔬菜，南北各地皆有栽培。近年来随着科技进步，辣椒有了更多的用途：可提取鲜红色素、辣椒素等深加工产品。在北方地区栽培的面积有所扩大。辣椒是常异交作物，其天然杂交率介于自花授粉作物和异花授粉作物之间。

HC01　2005 年 9 月　哈密市陶家宫镇辣椒果实生长不良案

案情摘要　2005 年 9 月上旬，应哈密市农业局约请，我们来到该市陶家宫镇陶家宫村，对种植户投诉辣椒果实生长不良的问题进行技术鉴定。该村十几家种植户购买了张某经销的酒泉市某种业公司出品的"猪大肠"辣椒种子，种植约 2.7 公顷后，普遍出现果实发育不良现象。种植户们就此不断上访，《哈密报》曾整版报道这起"重大种子质量问题"，还提到某高级农艺师到场鉴定的经过。据媒体报道，并未找到种子质量有问题的证据。出发前我邀请新疆农业科学院在哈密蹲点的同志参加鉴定，不料他竟要求回避。由于事关重大，我特地邀请新疆从事辣椒育种的葛菊芬和王贵忠两位专家参加鉴定。

我们到现场后大吃一惊，各家种植的辣椒植株都有明显的药害症状，出现了明显的叶面皱缩和卷曲。可是，种植户们均不承认打过任何农药和叶面肥料，甚至说他们都不用喷雾器。在种植户朱某的地头，杂草也有明显的药害症状，相邻的豇豆叶片皱缩成鸡爪状。这是典型的化学伤害的表现。我们走访了当地科技示范户杨某，他还承担农作物的制种任务。我们发现他家门前辣椒地中也有轻度药害。他承认他家只有一部喷雾器，既打除草剂和激素类农药，也打各种农药和叶面肥。

技术分析　"猪大肠"是西北地区的农家辣椒品种，其整齐度不及杂交一代品种。令人困惑不解的是，如此明显的药害症状任何农业技术员都能判断的，为何到场专家却不指出呢？联想到蹲点专家的回避，我们想其中必有人为因素的干预。

当年国庆节前夕某日深夜，我校党校办主任突然接到自称"哈密地区行署"的电话，说是由于对我主持的鉴定不满，有 30 位农民要到首府乌鲁木齐市上访。我立即询问邀请我们的哈密同志，他们全然不知此事。经查，电话是从陶家宫村打出的。

心得小结　坚持科学原则需要勇气。本书列举的许多技术问题，地州是完全可以解决的。但是，一旦主管领导对技术问题进行错误表态后，基层技术干部普遍选择沉默。

HC02　2010 年 6 月　阜康市滋泥泉子镇辣椒幼苗质量投诉案

案情摘要　2010 年 6 月 3 日，受阜康市滋泥泉子镇滴水村村委会委托，我们前往该村就村民投诉奇台县西北湾乡提供的"四平头"辣椒幼苗质量问题进行现场勘验。当年 3 月下旬，种植方和育苗方签订协议，定于当年 5 月 20 日向种植方提供 26.7 公顷"四平头"辣椒幼苗。但迟至 5 月 25 日才交苗。种植方于 5 月 26—28 日定植。种植方发现幼苗质量较差，叶片普遍发黄，并有卷叶等药害现象，影响了缓苗。

技术分析　经过对戴某、宋某、秦某及何某等种植户共计 26.7 公顷辣椒地的勘验表明。田间辣椒幼苗处于 5 片真叶的"5 叶 1 心"期，虽然苗情较弱，但成活率较高。不过幼苗普遍叶片较黄，还有卷曲、皱缩及叶尖明显受损的药害症状，说明定植前辣椒幼苗受到一定程度的化学伤害。我们建议加强田间管理，适当喷洒叶面肥料，将不良影响降到最低程度。

心得小结　这是基层政府为调整产业结构的一项举措，但因苗情不佳受到一些村民的抱怨。实践表明，大面积种植某种露地蔬菜的决策是充满风险的，因为成熟期太集中，市场一般很难消化。

HC03　2012 年 6 月　木垒县雀仁乡色素辣椒种苗质量投诉案

案情摘要　2012 年 6 月 1 日，受木垒哈萨克自治县雀仁乡某农业种植农民合作社委托，我们前往该乡正格勒村就该社（种植方）和昌吉州某农产品物流有限公司（供苗方）的辣椒种苗纠纷案进行司法鉴定。按双方签订的协议，供苗方应在 5 月 29 日之前完成辣椒育苗工作，提供 26.7 公顷色素椒的种苗。但因供苗方在奇台县碧流河育苗工厂育苗失败，临时从昌吉和呼图壁两地调苗。

现场看到，供苗方将穴盘苗（128 穴）拔出，装入塑料袋内，每 6~8 袋装入一纸箱并用胶带封好，经 300~400 千米长途运输送到雀仁乡。由于气温较高，幼苗质量不高，加之长途运输，辣椒幼苗明显受损。这批"袋装苗"定植了 14.9 公顷。定植 6 天后的辣椒幼苗普遍为 5~7 片真叶期，其第 1~2 片真叶已普遍落叶，而且徒长苗较多。幼苗中还有少量的寄生植物菟丝子。此外，供苗方又从奇台县碧流河育苗基地运来一批植株较小的穴盘苗，其中单苗多，定植了 7.4 公顷。当幼苗运来后，种植方认为幼苗质量过差不愿种，但供苗方表示愿意承担质量责任，要求种植方选苗定植。结果是计划种植 37.3 公顷辣椒，因育苗失败减少为 33.0 公顷，在铺好地膜和滴灌带后，仍然有 4.3 公顷地无苗可种。

技术分析　现场看到，"装袋苗"总体苗情较差，介于壮苗和弱苗之间的二类苗（高 10~13 厘米）约占 60%；经调查"穴盘苗"单苗率为 64.8%。9 月 12 日，我们再次到现场测产，并按一般产量 30 吨/公顷估算经济损失。

心得小结　本案的教训是供苗方忽视了育苗技术的复杂性，以为有了育苗工厂，各类蔬菜幼苗就能唾手可得。育苗失败后临时凑苗，必然会遇到一系列问题，有可能造成重大的经济损失。

HC04　2013 年 10 月　奇台县古城乡"新椒 3 号"果实异常案

案情摘要　2013 年 10 月 1 日，受奇台县古城乡村民王某、张某、万某等 11 家种植户委托，我们来到该乡 4 村对他们种植的"新椒 3

号"果实异常的原因进行司法鉴定。据介绍，王某等人通过奇台县种子经销商程某购买了乌鲁木齐市某科技开发公司出品的"新椒3号"种子，大多数人在5月6—7日播种，个别在10—14日播种，播种量为200克/亩，株行距40厘米×50厘米，每穴双苗。辣椒地的前茬为小麦及玉米，每公顷施750千克磷酸二铵为底肥，细流沟灌，全期10~11次水。8月底结果时，种植户发现该辣椒的果实与往年不同，菜贩因此拒收。据调查，每公顷产量仅15~16.5吨，而往年该品种产量为39~40.5吨。

种植户们仅有汪某留下0.5公顷辣椒地的现场，其余10户均已翻种了冬麦。该地块地势平坦，土壤结构良好，肥力中等，田间无缺苗现象，辣椒平均株高70厘米，早霜后上部嫩叶均已发黑变干，下部已落叶。然而，地北靠近林带的辣椒植株未受霜冻，残留的基部叶片形状较一致，未见到化学伤害及其他品种的辣椒叶片。但是，很多植株上的果实为发育不良的短缩灯笼形，而不是"新椒3号"的长灯笼形。这种异常果实既有全株性的，也有局部性的，即下部果实长灯笼形、上部果实短缩灯笼形。我们看到，植株上有明显的采收痕迹，但汪某否认说是他人偷采的。

技术分析 2013年北疆地区生长季节平均温度比历年偏低。据当年气象资料和有关文章，"北疆6月2—8日，平均温度比历年低1~4℃""6—8月，新疆冷空气活动频繁"。造成"棉花减产已成定局，预计减产10%。"辣椒是喜温作物。据《中国蔬菜栽培学》（第二版）第731页指出：辣椒"初花期，植株开花、授粉要求夜间温度以15.5~20.5℃为宜。低于10℃时，难以授粉，易引起落花、落果。……果实发育和转色，要求温度在25℃以上。"奇台年平均气温为4.7℃（乌鲁木齐为8.7℃，2020年），在气候不良年份，出现影响辣椒授粉和果实发育的低温是难免的。

辣椒的结果习性是有规律的：第一、第二、第三、第四至第五级分枝处都能结果，分别称为"门椒"（1~2个）、"对椒"（2个）、"四母斗椒"（4个）、"八面风椒"（8个）和"满天星椒"（16个）。由于辣椒果实性状受环境因子的影响而有所不同。所以，辣椒品种的果实性状都以"对椒"和"四母斗椒"的表现为准。在汪某田间部分辣椒植株上，第二级分枝处所结的"对椒"，是正常的长灯笼形；而随后第三级分枝处结的"四母斗椒"，却成为异常的短灯笼形果实。由此说明前期果实发育的条件相对较好，而随后的"四母斗椒"却遇到不良的环境条件，因而未能正常发育。

新疆气象专家樊静在其研究报告中指出，近年来奇台地区气候逐渐变暖，尤其是 1988 年以来气温变暖明显，平均气温上升。但在一年之中，冬季气温上升明显，而夏季平均气温反而有所下降，这是常人并不知道的。表现为很多粮食作物生育期缩短了，其干物质累积的时间反而减少了。这就是奇台地区气候的特点。因此，在当年 6—8 月冷空气活跃频繁的不良气候下，农田温度比历年偏低，而田间的实际温度和气象预报值还有±（5~8）℃的变幅，这就使当地的辣椒不能和往年一样形成正常的长灯笼形果实。而且，汪某的辣椒地又比一般人晚播了 4~8 天，因而受 6 月上旬降温的影响更大。

"新椒 3 号"在奇台地区已种植多年，不存在是否适应的问题。本案仅勘验了汪某保留的 0.5 公顷辣椒地，未发现"新椒 3 号"种子存在质量问题。

心得小结　本案的菜农投诉时间太晚，11 户中 10 户已翻耕，仅有 1 户的现场又遭霜打。我们完全可以谢绝鉴定，但考虑到帮助当地菜农总结经验还是接了，还好，找到了未遭霜冻的辣椒植株。

HC05　2016 年 6 月　乌苏市四棵树镇线椒除草剂药害纠纷案

案情摘要　2016 年 6 月 22 日，应乌苏市四棵树镇农技站委托，我们来到该镇喇嘛寺村，对村民王某投诉精喹禾灵除草剂造成线椒药害进行司法鉴定。

现场看到，王某种植了 20.4 公顷"一把抓"线椒的地块土壤结构一般，砾石较多，相对贫瘠，无盐碱危害。线椒种子于 4 月 16 日播种，膜下滴灌栽培，40厘米×10厘米，大部分线椒植株已进入初花期，但植株明显缺肥，生长势较弱，田间小苗及缺苗较多。王某称田间只施了某纳米有机肥。据该镇农技站站长介绍，他发现王某6月8—9日两天中午都在田间喷药，当即予以制止。3天后线椒叶片出现发黄的药害症状。现场可见线椒叶片上有扭曲及褐色斑点，属轻度药害。王某认为是除草剂的助剂堵塞了喷头，造成药液滴漏而发生药害。

涉案除草剂精喹禾灵为山东某化学公司出品的袋装乳油，另有白色粉末状助剂。据镇农技站站长介绍，该除草剂在乌苏地区已使用多年，从未发生药害事故。

技术分析　在现场我们找来一只未清洗的塑料桶，装入15千克自来水，加入1包乳油及助剂，用树枝搅拌15秒。然后将药液轻轻倒入另一桶中。将桶底杂质倒在水泥地上，除了黑色杂质外，仅见到3个直径约2毫米的小白点，用手指一捏就成粉末了。由此说明，白色粉末的助剂不可能堵塞喷头，如有堵塞应该是其他杂质造成的。因此，精喹禾灵本身不是产生药害的原因。

心得小结　此前我们鉴定中心已处理过该线椒地东面受相邻种植户除草剂伤害的投诉。此次种植户又投诉地块的西面，意在扩大受害索赔，但是缺乏证据。

HC06　2017年2月　湖南石门县壶瓶山镇辣椒黑地膜破损案

案情摘要　2017年2月27日，受湖南省石门县人民法院委托，我们来到该县壶瓶山镇大京竹村，就种植户文某投诉李某经销的河南省某塑料公司生产的黑地膜严重破裂，造成辣椒延迟定植引起徒长苗、老化苗造成的经济损失进行司法鉴定。

据介绍，2016年春季文某通过李某购买了530卷河南某塑料公司生产的黑色地膜，3月底至4月底铺膜。不料5月5日就发现严重破洞及开裂。厂家于5月10日立即送来200卷黑地膜，并派技术员指导铺膜。可是该地膜铺后又立即破裂。5月14日厂家再次送来550卷黑地膜，但在铺了200卷后，厂家技术员认为黑地膜的质量有问题立即叫停。文某多次雇人铺膜，最后只得购买普通透明地膜应急。破裂的黑地膜经常德市商品质量鉴定检验所鉴定为不合格产品，石门县市场管理局做出了"石市管行处字〔2016〕141号处罚书决定"，责令停止生产和销售不合格的地膜，并处罚款3万元。

经现场调查及勘验，文某原计划5月20—30日定植的辣椒推迟至6月5—25日；原计划7月8日前后成熟的38.4公顷辣椒推迟至8月8—12日才开始上市。据湖南长沙蔬博种子公司向法院出具的证明，该公司曾派员指导温室育苗。种植品种为"帅辣17号"（杂交一代），购买的种子可定植40公顷，种子发芽率良好，出苗率达90%，播种后各项管理措施符合山区辣椒育苗规范，温室中的幼苗基本达到壮苗标准。

现场看到的辣椒地为熟化黄壤，土质疏松，肥力中等，前茬为烟草，地势坡度差较大。现场实测为1.32米种植双行，株距52厘米，田间缺苗甚多，但最后铺的普通透明地膜经过一冬基本完好。

技术分析 勘验时厂家代表称，尚未找到黑地膜破裂的原因。由于定植时间的推迟，必然出现徒长苗和老化苗而影响成活率。计算经济损失时，应按"当地平均产值－种植户实际产值"来计算。此外，应加上多付出的铺膜人工及每次铺膜时增加的农药开支，以及购买的普通透明地膜的费用。

心得小结 本案中种植户因使用不合格黑地膜造成惨重损失，厂家自然要承担经济责任。我们认为，地膜的基本原料差别不大，问题应该在进口的黑色素上，否则不可能一铺就破。

HC07 2017年8月 石河子142团线椒假种子减产案

案情摘要 2017年8月3日，受农8师142团1连种植户石某及冯某委托，我们对他们俩种植的"俊丰2016"线椒严重减产进行种子质量和经济损失的司法鉴定。据介绍，2017年春季，石某通过本连职工家属刘某购买当地线椒主栽品种"2009"，但得到的却是陕西省辣椒育种基地某合作社生产的"俊丰2016"种子。两家播种期是4月12—16日，共计20公顷，每公顷播种量13.5千克。播前每公顷施入225千克磷酸二铵为种肥，膜下滴灌，1膜4~6行，每亩保苗1万株以上。两户共种5块地，其中4块为一等地，而石某的8.8公顷为开荒已10多年的编外地，前茬为棉花、花生、加工番茄以及重茬地。据称该批种子出苗后的植株落花落果严重，有明显的品种混杂现象。为此，供种商彭某单独向石某一家补偿了3万元，还签订了带有封口性质的"补偿协议"。

勘验时看到，田间土壤结构良好，肥力中等，无盐碱危害，未发现种植户在栽培管理上的失误。田间有明显的非线椒植株，杂株叶片较大、植株较高。由于种植户已多次拔除，已无法统计杂株率。为精确估算经济损失，我们在9月11日线椒开市后，再次到该地进行测产。在现场随机取18个样点，统计保苗数，其中13个样点中每点连续拔起15株线椒，送到地头摘下成熟红线椒称重测产，并以相邻的"2009"线椒的5个样点为对照。

勘验表明，"俊丰2016"每亩保苗9 680株，对照"2009"保苗11 700株；前者结果小，产量仅有11.1吨/公顷，仅为对照产量53.7吨/公顷的20.7%。9月11日当天线椒价格为2.13元/千克。"俊丰2016"种子播后的植株结果小，采收困难，据悉延迟到9月底才采收。

心得小结 这是一起明显的假种子案，当年早霜较晚，因结果小、雇工不愿采收而延迟了半个月收获。由于植株上的线椒青果转红，实际产量高于测产数字。审理此案时，有人以测产不准妄想推翻鉴定。所以，测产时要考虑到气候的特殊情况。

HC08　2017年9月　农6师105团色素椒品种混杂减产案

案情摘要　2017年9月25日，受农6师105团6连种植户李某等人委托，我们对他们种植的两品种色素辣椒严重减产的原因及经济损失进行司法鉴定。据介绍，当年春季李某及宋某和某科技公司签订生产色素辣椒合同，由该公司提供色素辣椒幼苗。两家的辣椒地前茬为棉花，播前每公顷施入 225 千克磷酸二铵及 75 千克尿素为底肥。5 月 7 日当两品种辣椒幼苗经长途运输运到时，两位种植户发现苗情很差，除了大量萎蔫外还有病苗及死苗。经交涉公司又补了一批苗，在 5 月 9—13 日机械打孔定植，株行距 21.5 厘米×60 厘米，每亩保苗 5 000 穴。李某种植"九月红"12 公顷，"甜椒"5.3 公顷，宋某种植"甜椒"5.3 公顷。生长期共滴灌 8~9 水，并随水追施 900 千克/公顷专用复合肥。开花结果时发现品种混杂，落花落果及减产都非常严重。

　　现场看到，种植户田间土壤结构良好，肥力中等，无盐碱危害，田间杂草不多，未发现栽培管理上的失误。但是，田间的"九月红"及"甜椒"植株不整齐，而且杂株明显。杂株叶片大，株高≥1 米，因种植户已大部拔除，无法统计。我们随机取 5 个样点，每点 6.67 米^2，统计保苗数及红辣椒产量。测产表明，"九月红"产量 15.9 吨/公顷，"甜椒"3.7 吨/公顷。勘验中我们认为"甜椒"是辣椒品种群名称，并非品种名称，询问供苗方品种名称并索要种子袋时，不料竟回答"板椒（色素辣椒俗称）就没有品种"，而且始终未提交种子袋。

　　技术分析　根据田间植株性状，两种色素椒品种混杂及种性退化严重，用来育苗的种子并非制种田繁育的种子。种植户种植"九月红"及"甜椒"的实际产量仅有当年当地色素椒平均产量 27 吨/公顷的 59.0% 及 13.7%，按《中华人民共和国种子法》规定属于假种子。

　　心得小结　色素辣椒推广后，时常有人将色素椒加工过程中排出的种子作为生产用种出售，给种植户带来严重损失。

第九章
豆 类
（代号 I）

第一节　A 菜　豆

　　菜豆又称四季豆、芸豆、云扁豆，在西北地区称为刀豆，容易与南方的大刀豆混淆。菜豆原产于中南美洲，约在明朝末年传入我国。经长期人工选择，我国劳动人民选育出很多没有果荚内壁硬质层的食荚品种。而且，生产中的菜豆几乎都是对日照长短不敏感的品种，故称为四季豆。

IA01　1995 年 3 月　马兰基地工兵团温室菜豆严重落花

　　案情摘要　1995 年 3 月我带领学生到马兰基地实习时，应后勤部有关部门约请，我们到该基地工兵团温室，对种植的温室菜豆发生严重落花问题进行勘验。当我们走进温室，只见白花满地，茎蔓上结荚稀少。询问种子来源时，回答是战士探亲从陕西老家带来的，品种不详。

　　技术分析　菜豆对光照强度的要求较高。当光照较弱时，其叶片尤其是中间的小叶会和阳光呈直角。这种现象在南方早晨可以见到，但在干燥的西北却难以见到。这次在工兵团的温室中因光照较弱和湿度较大，我们见到了菜豆小叶片调节角度的现象。所以，在温室中种菜豆应选择耐低温和弱光的专用品种。

心得小结　随着温室蔬菜生产的发展，很多菜农普遍在走道旁的栽培床后侧，点种一行菜豆。如品种选择得当（如"架豆王"等），这一排菜豆的收入，就可以解决温室的种子开支。

第二节　B 豇　豆

据文献记载，豇豆传入我国已有 2 000 多年。然而，我国北方地区在种植豇豆时经常会发生迟迟不结荚现象。豇豆原产于热带地区，因此豇豆是在短日照条件下形成花芽的。北方地区的长日照往往会影响豇豆花芽的形成和发育。目前，我国有关蔬菜学的专著都没有对此现象进行过技术分析。然而，我国劳动人民在长期生产实践中，选育出一些对长日照不敏感的品种，如"红嘴雁""三尺绿""青条豇豆"等农家品种，科技人员也培育出"之豇28-2""绿豇90"等适合北方栽培的豇豆品种。

IB01　1995 年 8 月　乌鲁木齐县安宁渠繁种豇豆开花异常案

案情摘要　1995 年 8 月下旬，我们在乌鲁木齐县北郊安宁渠处理一起花椰菜种子质量投诉后，被几位维吾尔族菜农拦住。他们非常焦急地要求解决他们繁育的豇豆迟迟不开花结荚的原因。据介绍，这是某研究所请他们为南方繁育的多个豇豆品种，制种者还特地安排给收入较少的少数民族菜农及困难户。现场看到，绝大多数南方豇豆都是在 8 月上中旬才开始开花的，新疆北疆地区无霜期较短，因而给制种户造成严重的经济损失。

技术分析　豇豆原产热带，许多南方豇豆品种在短日照条件下才形成花芽，而在长日照条件下，花芽形成受到抑制。这就是当地"豇豆立秋才开花"的原因。某研究所新领导为提高该所技术服务收入，在乌鲁木齐县北郊为广东省大量繁育豇豆种子，以致创收失败、扶贫未成。

心得小结　本案中很多南方豇豆品种在长日照条件下花芽形成受到抑制。笔者毕生从事蔬菜学科技工作，未见到任何蔬菜学专著提到这个重要问题。这个教训应引起足够重视，今后在北方地区繁育南方的豇豆种子，必须先进行试种。

IB02　1998 年 8 月　昌吉市城郊乡豇豆制种田塌架现象

案情摘要　1998 年 8 月间，应昌吉市某种业公司约请，我到该市城郊乡勘验豇豆制种田塌架问题。当地几家制种户反映，"之豇 28-2"豇豆制种田因结荚过多，压垮了竹竿支架，大大影响了种子产量。

技术分析　现场勘验表明，竹竿支架压垮严重的地块都是土壤肥沃、结荚最多的老菜地。而且，其中竹竿插得浅者倒塌严重。此外，不同的支架走向差别也较大。凡是东西走向的支架垮塌较重，而南北走向的则相对较轻。其原因是，当地生长季节中东南风和西北风的破坏力较大。

心得小结　根据以上情况我建议：①避免在土壤肥沃的近郊老菜地进行豇豆制种。②制种田整畦时采用南北走向可减轻风害。③插架要及时。竹竿支架应在浇水后可下地作业时抓紧插架。此时菜地湿润，竹竿可插得较深。④豇豆植株基部不留种，应及时采收最早的嫩豆荚。事后该种业公司接受我的建议，将豇豆制种点转移到昌吉市郊军户农场，压垮支架竹竿的问题就没有再发生。

IB03　1999 年 5 月　昌吉市城郊乡"之豇 28-2"豇豆矮化案

案情摘要　1999 年 5 月中旬末，应昌吉市某种业公司约请，我来到城郊乡某种植户"之豇 28-2"豇豆田间。现场的豇豆植株普遍矮化，如同矮生豇豆一般。种植户怀疑供种方提供的是矮生品种。现场看到，当时正值豇豆苗期，真叶不超过 6 片，却表现出矮生豇豆的植株性状。经核实，豇豆品种确实是"之豇 28-2"。

技术分析　我认为这是化学伤害造成的矮化现象，也是一种无药害症状的表现。种植户声明播种后没有覆盖过塑料小拱棚，也没有用薄膜进行简易覆盖。那么只有一种可能——在使用叶面肥料或农药前喷雾器未清洗干净，不能排除残留矮壮素的影响。但种植户信誓旦旦地表示绝无使用过任何农药及叶面肥。在场我也找不出相关证据，只得悻悻离开。后来，该种业公司经理告诉我，这种矮化的豇豆植株经过一段时间后恢复了蔓生特性。由此，我认为我在场的判断没错，只是当事人不知道或不愿说而已。

心得小结　蔬菜作物的组织都比较嫩，对化学物质特别敏感。一旦接触后必有异常表现。当出现化学伤害时，当事人出于各种原因不愿说出事实真相，可暂不下结论。当然，当事人也有不了解真相的可能。

IB04　2000 年 5 月　托克逊县夏乡豇豆开花结荚异常案

案情摘要　2000 年初，昌吉市某种业公司在托克逊县夏乡向维吾尔族菜农赊销一批豇豆种子。播种出苗后，5 月中旬还迟迟不能开花结荚。现场看到的豇豆种皮，既有类似"之豇 28-2"花纹者，也有无花纹的其他品种的种皮特征。

技术分析　一般"之豇 28-2"豇豆在基部 3~4 节必定出现第一花序，但是现场植株普遍超过 1.3 米高，却没有出现花序。我认为那是南方的豇豆品种。到场的某蔬菜研究所时任所长说，这是供种方 1995 年套购该所为广东繁育的豇豆种子。后来市场行情不好，这些豇豆种子一直积压着，当年采取赊销的办法在当地发放。供种方在看到我们鉴定意见后，立即表示赔付。

心得小结　有许多南方豇豆品种对北方长日照条件较敏感，单凭种子皮色是无法确定的。

IB05　2000 年 5 月　托克逊县豇豆跟风投诉案

案情摘要　2000 年 5 月中旬我们刚完成托克逊县不结荚豇豆的鉴定后，供种方当即表示赔付。于是当地种"之豇 28-2"豇豆的其他农户也感到产量不高，怀疑自己使用的种子也有问题。他们收集了一些瘪种子及颜色不同的豇豆嫩荚、商品荚及老熟荚，声称种子质量有问题，进行跟风投诉。县种子管理站再次请我们进行勘验。

技术分析　时值 5 月下旬，"火洲"已异常炎热。我要求种子站找出剩余的种子袋。取出豇豆种子后，经对比发现农户提供的瘪种子是专门挑出的。傍晚，我们到夏乡及波斯坦乡进行田间勘验。现场看到"之豇 28-2"植株结荚正常，基部采收豆荚后留下的痕迹清晰可见，只是产量不太高。而且，菜地蚜虫虫口密度较大，我指出随处可见的蚜虫天敌草蛉及瓢虫，说明防治虫害的工作还不到位。有家菜农刚采了豇豆，却用编织袋包着藏在垄沟中。正好我的脚踩到此处软软的，掏出豇豆豆荚后大家哈哈大笑。

心得小结　这一年短时间内两次到托克逊县处理豇豆种子质量投诉，案件的性质却大不一样。由于当地缺乏专业技术人员，我们建议种子管理站总结经验，提高业务水平。

IB06　2002 年 8 月　米泉市"之豇 28-2"豇豆纯度鉴定

案情摘要　2002 年 8 月新疆某农业研究所面临种子质量投诉，但豇豆并不在其中。为了消除对"之豇 28-2"种子质量的疑问。该研究所特地请我们进行品种纯度鉴定。制种田安排在米泉市郊（现乌鲁木齐米东区）肥沃的老菜地上，现场豇豆结荚良好，第一花序主要出现在植株的第4~5节。经全面勘验，平均荚长60~70厘米，田间出现的异色荚极少。制种田管理良好，蚜虫虫口密度不大。

技术分析　现场勘验表明，"之豇28-2"豇豆的品种纯度虽然没问题，但是产量不突出，说明已出现品种衰老迹象。据查，该品种引种多年来一直是这样代代繁衍的，从未进行品种复壮工作。我认识该品种育种人、浙江省农业科学院园艺研究所汪雁峰研究员，得知他正在全国各地的该豇豆种植区收集种子，建议该研究所主动和育种人联系。

心得小结　豆类不能进行杂交一代制种。当一个品种育成并使用多年后，必须从各地收集该品种的种子，进行同品种异地杂交的复壮工作，才能保持优良品种的种性。

IB07　2007年6月　博乐市郊"三尺绿"豇豆不结荚案

案情摘要　2007年6月下旬，自治区种子管理总站指派我到博乐市郊处理4公顷"三尺绿"豇豆不结荚投诉案。种植户皆为宁夏回族移民，这样做也是为了避免发生群体性事件。现场看到，绝大多数豇豆植株未能形成花序，能正常结荚的豇豆仅占5%左右。该"三尺绿"豇豆种子是花皮的。此前博乐市曾组织过农业专家勘验，因缺乏蔬菜学专业人员而无法定论，特请求自治区派专家处理。

技术分析　此前乌鲁木齐有家种业公司仅有30千克"之豇28-2"种子，因市场行情好，竟然销售了200多千克种子。由于供种方掺了大量花皮的南方豇豆种子，致使许多家种植户出现了严重的不结荚现象。我断定供种方也只有少量的花皮"三尺绿"豇豆种子，一定是掺入了大量南方同样皮色的豇豆种子。这些南方豇豆种子对北方的长日照比较敏感，影响了花芽的正常分化。

心得小结　事后种子经销商很快到学校找到我，她好奇地询问我是如何得知他们掺了南方豇豆的种子呢？她说自古以来"种瓜得瓜，种豆得豆"，他们也查阅了蔬菜学专著，并未看到有关南北豇豆品种特性差异的描述和相关注意事项。当我做了解释后，经销商表示会尽力做好善后。我还陆续发现，本为华北农家品种的"三尺绿"豇豆，除了花皮种子外，还有白色、黑色及赭色的多种颜色的种子。它们应该都是从该农家品种中分离出来的。

IB08　2007 年 8 月　乌鲁木齐安宁渠广东庄村豇豆不结荚案

案情摘要　2007 年 8 月，我们受乌鲁木齐县种子管理站委托来到该县安宁渠镇广东庄 2 队，就种植户马某、杨某及沈某投诉的、由乌鲁木齐某种苗公司出品的"特早生豇豆"种子质量问题进行现场勘验。我们抽查了 3 户种植的"特早生豇豆"共计 0.9 公顷，其种子袋上称"第一花序出现在第 3～4 节，比'之豇 28－2'早上市 7～10天"。我们在每户的豇豆地中随机抽查了 120 株豇豆，调查第 1 花序的着生位置。

技术分析　调查结果是：马某在第 6～8 节、杨某在第 5～9 节、沈某在第 5～6 节。其中，沈某有 0.12 公顷豇豆因无豆荚可收，已于 7 月下旬改种大白菜。我们又对地头的干枯残株进行调查，其第 1 花序普遍着生于第 10 节。这是对长日照条件敏感的南方豇豆类型。3 户种植的豇豆品种纯度很差，田间出现了多种叶形及豆荚类型。尤其是沈某的豇豆地块中竟有 4 种叶形，无主体性状。其第 1 花序无固定的着生位置，早的在第 3 节、晚的甚至在第 10 节。由此肯定这不是合格的早熟豇豆种子。

心得小结　通过田间调查，以翔实数据证明"特早生豇豆"是不合格的早熟豇豆种子。

IB09　2010 年 7 月　乌鲁木齐安宁渠青格达湖乡塑料大棚豇豆不结荚案

案情摘要　2010 年 7 月底，我们受乌鲁木齐县种子管理站委托，来到青格达湖乡联合 1 队，对种植户李某投诉昌吉市某种业公司出品的"吉丰早早熟"豇豆种子在塑料大棚中不开花结荚的问题进行现场勘验。李某通过经销商张某购买了 30 袋该品种种子，在当年 5 月 6—8 日点播于总面积为 0.1 公顷的两座塑料大棚中，株行距为 30 厘米×65 厘米，共施入磷酸二铵 30 千克、腐熟猪粪 4 米³ 为底肥。时值盛夏，现场几乎看不到豇豆产品，证明种植户确实受到严重的经济损失。经销商张某承认，在当地未经试种就推销该品种豇豆。他说当年他在该地共卖出 200 袋"吉丰早早熟"豇豆种子，但其余 170 袋的种植户并无投诉。

技术分析　在分析不结荚的原因时我首先怀疑是使用了对长日照敏感的南方豇豆种子。恰好此前处理过南方豇豆案例的供种者是本案供种方经理的亲属。但供种方坚决否认是南方豇豆品种，还提供了在新疆昌吉滨湖乡制种者的姓名、手机号及制种数量。其次，我曾怀疑是否因大棚内温度过高而影响开花。但供种方表示当年在吐鲁番卖出 300 千克该品种豇豆未出现投诉。最后，联合 1 队是乌鲁木齐地区种菜水平最高的地区，李某不可能发生塑料大棚通风不良的这种低级错误。

作为主鉴人我无法当场做出肯定结论，只在结论中指出："鉴于我们不能完全肯定该批种子是否为南方短日照类型品种，或其他尚不明确的、引起至今几乎不开花的因素，特建议：封存双方种子样品，委托第三方种植后再行鉴定"。不想种植户李某却将这个不明确的鉴定报告作为依据，向法院提出诉讼，但很快就以败诉告终。此后，李某以生活困难为由向种子站要回鉴定费未果，又一一向鉴定专家收回劳务费。当我退还鉴定费时，曾怀疑他没有做好通风管理。李某说该豇豆种子应该没有问题，并还支支吾吾地承认确实是没做好通风管理。

心得小结　这是我此生最不成功的一项技术鉴定。首先，由于有先入为主的南方品种的概念，犯了经验主义错误。其次，勘验时忽视了温室通风问题。在通风不良的情况下，温室内很容易出现 40℃ 以上的高温，导致大量落花和不结荚。在吐鲁番，我曾见过一个因没有通风而不结荚的小棚豇豆。因此，该教训值得认真总结并牢记终生。

第三节　C 豌　豆

作为蔬菜生产的豌豆以嫩荚、嫩豆、嫩梢叶（豌豆苗）及芽苗菜供食用。其豆荚有软荚和硬荚两类，软荚以豆荚供食用，硬荚以嫩豆粒供食用。在生产中有关豌豆的种子质量投诉案件较少。

IC01　2007 年 9 月　吉木萨尔县大有乡判断豌豆是否天然杂交

案情摘要　2007 年昌吉市某种业公司在天山北麓的吉木萨尔县大有乡某村安排了豌豆制种。不料相邻不远的地块另一家种业公司也安排了豌豆制种。前者和该村村委会签订了协议，在安排其他种业部门制种时要考虑必要的隔离。由于村委会疏忽，致使两家豌豆制种田相距不足 300 米。由于担心天然杂交使豌豆品种混杂，当年 9 月中旬昌吉市某种业公司特请我前往现场查看。

技术分析　现场了解到该公司繁育的是白花豌豆，而另一家繁育的是红花豌豆；两者的豆粒皆为显性性状的圆粒形种子。豌豆属于常异交作物，其天然杂交率在 8%～30%。但是，不同品种之间的间隔距离没有明确的规定。我建议立即将采种所得的白花豌豆尽快送到海南进行种植鉴定。如果发生天然杂交，白花品种的种子必定会出现红花的植株。因为红花是显性性状，白花是隐性性状。随后的海南试种结果表明，白花豌豆后代没有出现红花植株，由此说明白花豌豆和红花豌豆之间并未发生天然杂交。

心得小结　本案针对豌豆是否会发生天然杂交时，我首先想到遗传学鼻祖孟德尔早年就是用豌豆进行杂交来研究遗传规律的。我以显性规律来判断本案，再通过海南种植验证，使双方制种者及村委会如释重负。后来村委会干部见到我还一再表示感谢。

第四节　D 扁　豆

扁豆又称蛾眉豆等，原产亚洲热带地区的印度及东南亚。传入中国已有 3 000 多年，但栽培面积不大，在西北地区栽培更少。1990—1991 年，我负责的新疆农业大学园艺系蔬菜教研室，承担了乌鲁木齐某守备旅为迎接全军后勤工作现场会召开，将部队营院种植和美化环境相结合的任务。我们选择了开红花的扁豆作为营院种植的蔬菜之一。原定在 1990 年 8 月召开的现场会，因南方部队抗洪推迟到 1991 年8 月。

ID01　1990 年 6 月　乌鲁木齐驻军某守备旅西营区扁豆缺苗

案情摘要　该守备旅有 3 处营房区，我们事先为每个班都制订了种植计划并画了种植布局图。每个班都种了扁豆，但在西营区缺苗甚多。缺苗多的班高达 30% 以上，难以补种，大大影响种植效果。

技术分析　经检查，扁豆缺苗的原因有三：①种子中有部分不发芽的"铁豆子"；②三营的营区盐碱较重；③插架时一些战士操作不当，刺伤了扁豆根部。为此，我们立即选择一些饱满的扁豆种子浸种后抓紧补种。此时正好得到推迟到第二年召开现场会的通知。在 1991 年春季，建议部队做好盐碱地的换土工作。同时，我们在校内试验地准备了 3 000 株营养袋扁豆苗供缺苗时补种。

心得小结　经两年营院种植实践，我们对平日很少接触的扁豆生物学特性有了进一步的了解。扁豆浸种后，容器中产生大量泡沫，植物学老师说其中可能含有皂角素之故。作为营区美化的蔬菜种类，扁豆效果确实很好。

ID02　1999 年 9 月　乌苏市车排子乡扁豆"铁豆子"现象

案情摘要　1998 年我到湖南株洲探亲，结识了株洲市小神农种业公司唐经理。他托我在新疆为他的早熟扁豆制种，我将该业务介绍给乌鲁木齐县种子公司，其制种点在乌苏市车排子乡。当年种子产量不低，但其中有部分未成熟的豆粒，在干燥气候下形成了"铁豆子"，育种方要求解决这一问题。"铁豆子"现象在其他豆类上也时常发生。"铁豆子"表面是一层不透水的种皮，即使长时间浸种也不为所动，甚至煮沸也不吸水膨大。

技术分析　"铁豆子"主要发生在豆类枝蔓梢部所结的果荚。所以我特地在 9 月初前往乌苏市郊，建议将已形成的嫩荚修剪去除，并提出在种子收获后进行认真清选，将不饱满的瘪籽筛选掉。由于种子质量大大提高，育种方很满意。不想制种单位有一名员工私下为小神农制种，由于"铁豆子"较多发芽率低，数年也未结账。2004 年我再到株洲时，唐经理发现发芽率不高的扁豆种子经两年存放后，发芽率已达标了，但却联系不上这位私下单独制种的个人，可惜此人已英年早逝。

心得小结　在北方干燥地区进行蔓生豆类制种，可采用在植株梢部修剪以及采种后认真清选的办法来消除"铁豆子"。如果种子发芽率不达标，可存放一段时间待其自行逐渐解除。

第十章
水生
蔬菜类
——
（代号 J）

第一节　A 莲　藕

莲藕是睡莲科中形成肥嫩根状茎的重要的水生蔬菜，栽培历史悠久，有藕莲、子莲及花莲 3 个品种类型。

JA01　2016 年 2 月　山东垦利县承包莲藕经济损失测产案

案情摘要　2016 年 2 月下旬，受山东省垦利县人民法院委托，我们对垦利县某莲藕种植合作社和东营某农业研究院有关 420 公顷土地承包合同纠纷的经济损失进行司法鉴定。垦利县位于黄河入海处，某莲藕种植合作社因某农业研究院变更合同，致使 340 公顷水面失去 3 年种植莲藕的经济收入。

由于双方对种植莲藕的面积无争议，为评估经济损失，我们来到垦利县农业示范区 5 号地，对正在收获中的种植户李某、张某及刘某的莲藕进行测产。3 户种植的品种分别为"鄂莲 6 号"、"鄂莲 3735"及"娃娃头"，测得每亩产量分别为 1 605 千克、1 534 千克及 1 199 千克，平均产量 1 446 千克。

技术分析　由于前两户是种植莲藕 20 多年的老种植户，产量较高，故按照当地近年平均亩产量为 1 375 千克计算。近年来全国蔬菜价格每年平均上涨 10%，扣除农资及人工上涨因素，净收入涨幅按 4% 计算。2015 年当地平均每亩莲藕净收入 2 000 元，由此确定 2016 年为 2 080 元、2017 年为 2 163 元。

心得小结　莲藕为无性繁殖作物，繁殖系数低，每年还应留下 1/4 产品作为种藕，其种植成本较高，需水量大。经调查，莲藕的产量及市场价格相对平稳，不容易大起大落。此外，在水中对莲藕测产时，因其地下茎（藕鞭）相互交缠，不便采藕称重，必须扩大为对整池进行测产。

第二节　B 茭　白

茭白是原产于中国的禾本科菰属多年生宿根水生草本作物，产品为变态的肉质茎。其风味优美，栽培历史悠久。随着全球气候变暖，茭白生产也逐渐扩大到北方地区。

JB01　2019 年 10 月　安徽金寨县茭白种苗不结茭投诉案

案情摘要　2019 年 3 月，种植户丰某通过何某从金寨县天堂寨某茭白专业合作社购买了 24.93 万株"美人茭"茭白种苗，4 月 4—12 日定植在该县 4 个乡镇，共 12 公顷。不料其后出现"结茭少、灰茭多"的异常现象。当年 10 月下旬，县农业主管部门邀请安徽农业大学和安徽省农业科学院专家进行鉴定。据勘验，除了南湾村 0.8 公顷能正常结茭外，其余 11.2 公顷正常结茭植株不足 10%。专家们认为造成该现象的原因有三：①种苗有问题，表现为整齐度差、种苗老化；②孕茭期出现高温干旱气候；③管理不一致。因在鉴定程序上发生争议，金寨县法院委托我们对该现象的原因进行技术分析。

我们看到的现场，是丁埠村 2019 年废弃的 2.1 公顷茭白田。因时过境迁，不具备鉴定条件。种植户认定种苗有严重质量问题，但供种方认为是种植户没有种植经验，而且当年气候不良，旱情较重。在现场，种植户聘的管理人及村干部均否认该村有旱情，因为地边就是一条溪流。供种方称 2019 年他们的茭白合作社也绝收，并有保险公司的评估报告。当问及 2020 年茭白收成情况时，供种方称该社已改行种药材了。

技术分析 种植户提出该县大畈村当年茭白收成较好，我们就前往该村。经查，该村在安徽农业大学老师指导下，采用岳西县的"美人茭"品种，2019 年平均产量 22.5～37.5 吨/公顷。老茭农称，只要种苗合格和有水，茭白就会正常结茭，南湾村的 0.8 公顷就是证明，而且还能收获两年。现场鉴定专家和老茭农都认为，2019 年种植户茭白种植失败的主要原因是种苗有问题，气候和管理只能影响产量和品质。

心得小结 茭白是无性繁殖的水生蔬菜，其种性容易发生劣变，必须认真进行选种，否则就会出现"雄茭"和"灰茭"。

JB02 2021 年 3 月 广东雷州市白沙镇冬种茭白种苗违约失收案

案情摘要 2020 年 8 月，浙江台州市某农业公司确定在广东雷州市郊种植 66 公顷冬种茭白，向安徽天长市王某订购所需的茭白幼苗并签订销售合同。合同规定供苗时间为 2020 年 11 月 10—30 日，还有违约赔款的承诺。然而，供苗方首批运到的茭白苗是在当年的 12 月 9 日，但该批幼苗获得较好的收成，产量为 1 628 千克/亩，经济效益达 9 767 元/亩。而后面陆续运到的茭白苗定植后因孕茭期遇到较高的温度导致种植失败。在诉讼中供苗方以茭白苗种植前需 0℃

低温处理作为延迟供苗的借口。安徽天长市人民法院请求我们进行技术鉴定。

由于没有种植现场，2021年9月7日，我们在雷州市白沙镇实地勘验已种植晚稻的原茭白田，看到当地有供水的设施和水源，并向村长了解此前的茭白种植情况。村长证实在他家门口首批种植的13公顷的茭白长势良好，收成很不错。但是随后种的茭白因遇上当地的高温天气而完全失败了。

技术分析　据《中国蔬菜栽培学》（第二版）第807页有关茭白孕茭的温度要求指出："孕茭适温为15~25℃，气温低于10℃或高于30℃都不能孕茭"。雷州半岛属热带季风气候区北缘，5—8月为雨季，冬季温和干燥，年平均气温高达22.5℃。我们查阅了当地连续3年3—4月的温度记录，确有不少超过30℃的高温记载。由此证实，因供苗方违约推迟供苗，导致种植过晚是冬种茭白种植失败的主要原因。

心得小结　利用我国南方的自然条件，进行茭白冬季栽培是一项新兴产业，这也是当前露地蔬菜栽培中产值最高的栽培方式之一。

编后语

　　本书是在我的老师和同学们的倡议下动笔的。他们是福建农林大学李家慎教授，中国农业大学聂和民教授，学友、中国农业科学院高振华研究员，学友、原福州市人民政府蔬菜产销办公室王志雄主任，学友、原福州市蔬菜科学研究所所长魏文麟研究员及学友、福建农林大学黄碧琦教授等。

　　蔬菜作物种类繁多，栽培方式多样，生产中发生的种子质量投诉及各类技术问题不仅专业性强，而且往往具有突发性和特殊性。这就要求专业鉴定人员具有良好的综合素质，并能快速而准确地做出经得起实践检验的技术鉴定结论。对每项投诉和生产问题进行科学而合理的鉴定，不但有利于促进社会安定，有些案件还事关民族团结。目前我国还没有农业科技鉴定方面的专著，鉴于我长期从事该项工作，老师和同学们建议我大胆填补这项空白。

　　我虽年过八旬，但徒有岁数及专业工龄，有些蔬菜的问题还未接触过，学识有限。在新疆臻冠达农业科技有限公司李根才经理、同行朋友、昔日学生和家人们鼓励下，最终完成了涵盖 10 大类、40 种蔬菜作物的初稿。高振华研究员热情为本书作序，他和李根才二人都对初稿进行了认真审核。新疆臻冠达农业科技有限公司为本书提供了出版费用，公司的桑丽文女士还做了许多具体工作。

　　书稿送到中国农业科学技术出版社后，张志花编辑不厌其烦地对原稿进行了反复缜密的审校，尽力为拙著润色添辉；美术设计师孙宝林殚精竭虑，设计出富有创意而新颖的封面；王彦同志进行了仔细地校对。我谨向以上所有支持本书出版的老师、学友、朋友、学生及家人们一并表示最衷心的感谢。

林 成
2022 年 9 月

新疆阿克陶县胡萝卜鼠尾状肉质根（AB07）

《中国蔬菜》创刊号（001）

彩图2

彩图1　彩图3

内蒙古太仆寺旗马铃薯发芽不出苗（BA08）

彩图4　新疆拜城县马铃薯除草剂药害
（BA11）

彩图5　新疆呼图壁县洋葱假种子异常鳞茎
（CB12）

彩图6　山东冠县大蒜氯超标复合肥伤害
（CD04）

彩图7　河南舞阳县大蒜鳞茎异常二次生长
（CD05）

彩图8　新疆呼图壁县丛生大白菜
（DA07）

彩图9　新疆吐鲁番市早甘蓝抽薹开花
（EA03）

彩图10　新疆昌吉市球茎甘蓝生长异常
（EB01）

彩图11　新疆农8师石河子总场籽用西葫芦
坐果异常（GDB08）

彩图12　新疆农10师184团混杂籽用笋瓜
（GE02）

彩图13　山东惠民县塑料大棚番茄畸形果
（HAA13）

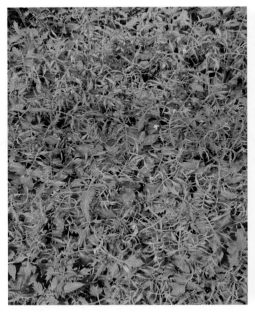

彩图14　新疆阜康市智能温室番茄幼苗叶片
生长异常（HAA15）

彩图15　新疆昌吉市加工番茄异常徒长侧枝
（HAB20）